U0800896

城市环境艺术设计研究

杨　帆◎著

中国戏剧出版社
CHINA THEATRE PRESS

图书在版编目（CIP）数据

城市环境艺术设计研究 / 杨帆著 . -- 北京 ： 中国
戏剧出版社， 2023.12
ISBN 978-7-104-05454-2

Ⅰ . ①城… Ⅱ . ①杨… Ⅲ . ①城市环境－环境设计－
研究 Ⅳ . ① TU-856

中国国家版本馆 CIP 数据核字 (2023) 第 249472 号

城市环境艺术设计研究

责任编辑：肖 楠
项目统筹：康祎宁
责任印制：冯志强

出版发行：中国戏剧出版社
出 版 人：樊国宾
社　　址：北京市西城区天宁寺前街 2 号国家音乐产业基地 L 座
邮　　编：100055
网　　址：www.theatrebook.cn
电　　话：010-63385980（总编室）　　010-63381560（发行部）
传　　真：010-63381560

读者服务：010-63381560
邮购地址：北京市西城区天宁寺前街 2 号国家音乐产业基地 L 座

印　　刷：天津和萱印刷有限公司
开　　本：787mm×1092mm　1/16
印　　张：15.5
字　　数：278 千字
版　　次：2023 年 12 月　北京第 1 版第 1 次印刷
书　　号：ISBN 978-7-104-05454-2
定　　价：72.00 元

前言

人是环境的产物。对今天的大部分人来说，其生产生活的最大的环境就是城市。自有城市以来，人类就不断探讨、经营、发展着其与城市、自然、环境之间的关系。城市化成为近代以来全球性的趋势。在我国，城市化水平正在快速增长，伴随着文明的进步和经济的增长，新技术、新工艺、新材料的应用，人们对于自身生存环境的质量有了更高程度的认知，对生存环境有了多元的诉求，对生活品质的追求也日趋提高，对环境的科学化、美观化、完善化、合理化的程度提出了更高的要求。本书就是对当下环境中，城市环境艺术设计的相关问题展开的研究探讨。

20世纪以来，西方的艺术设计领域呈现多种风格流派，然而这种艺术上的探索在城市环境的实践中受到多种因素的影响，也难以弥合在社会发展中人与自然、商业与大众、科技与人文出现的裂痕。在我国，环境艺术设计不仅充当城市设计、建筑设计、园林设计等学科间的协调者，它同时还是在实践中发展起来的具有独特研究对象、研究视角、研究逻辑的专门学科。

城市环境艺术设计是一门综合性的学科，从广义上讲，就是以人与自然的哲学思考为基础，从人类生存时空演变的宏观视角进行思考，对城市环境进行人文解读和艺术加工的过程。从狭义上讲，城市环境艺术设计是一门利用艺术的方法、方式，对人们生活、工作的城市内、外部环境条件进行规划设计和改造的学科，需要利用科学的方法和方案解决诸如资源耗竭、生态环境污染和破坏等一系列城市问题。

在21世纪的今天，没有人可以再忽视环境问题。面对人们日益增长的对居住环境与城市环境美化的迫切需求，城市景观设计、环境艺术设计、室内装潢设计等专业方兴未艾。这些学科在实践中的探索创新也推动着城市环境艺术设计的理论发展。时至今日，城市环境艺术设计已成为企业、社区、政府的一项具有重要实践价值和社会影响的决策活动，成为衡量一个地区乃至一个国家经济文化竞争力水平高低的主要标志之一。

如今，人们的需求越来越个性化、多元化，人类的需求变得空前巨大，人的生产生活越来越紧密地与周围环境发生着联系与作用。环境对人的意义也越来越丰富。人们身处城市之中，依存于城市，建设着城市，人们对城市的定义与意义、内涵与外延、批判与期待，也都与前代有着明显的不同。因此，伴随着城市文明的发展，城市环境艺术设计作为一门人文社会学科也正在与时俱进。本书讨论的城市环境艺术设计，就是在这种时代思考的基础上，对当前的城市环境艺术实践进行的梳理与回应。

在看到城市发展带来的舒适与便捷的同时，我们也要清醒地看到，与城市文明发展相并行的，还有环境问题的日渐突出，这促使人们对城市与自然的依存关系进行更深层次的思考。在追求效率和标准化的时代，设计的原创性受到考验。在我国，伴随着全球化进程的推进，一些原本有着鲜明特色的城市渐渐没有了个性，一些城市也失去了原貌。在问题的另一面，如何在城市的快速发展中，兼顾全球化与地域性、传统性与现代性、科技性与人文性、大众文化与精英文化，让多元的价值观实现共存甚至良性互动，有效处理经济发展同人口、资源、环境的关系，让人类走向更可持续发展的生活方式，开创生态和谐的文明发展道路，这些问题对城市环境艺术设计的实践方法同样具有启发意义。对城市环境艺术设计这门学科来讲，对城市环境进行系统性分析，综合考量环境中的各个要素，设计缔造舒适的人居环境，保障社会稳定有序发展，是本书的初衷，更是学科的初衷。

本书是对城市的环境艺术设计相关理论与实际案例展开研究，讲述当今环境艺术设计现状与相关内容，并对其发展趋势展开探讨，在撰写本书的过程中，作者得到了许多专家学者的帮助与指导，参考了大量的学术文献，如《城市建设中的环境艺术设计》《城市环境艺术：景观与设施》《基于生态理念的城市环境艺术设计研究》等，在此表示真诚的感谢。由于作者水平有限，书中难免会有疏漏之处，希望广大同行及时指正。

杨帆

2022 年 12 月

目　录

第一章
城市环境艺术设计的理论基础

要想对城市环境设计进行研究，我们首先需要了解的就是城市环境艺术设计的理论基础，下面本章将从城市环境的艺术内涵、城市环境设计的相关理论以及城市环境设计的现状这三个方面进行详细的分析。

第一节 城市环境艺术的基本内涵

城市环境艺术设计的服务对象已经从原始的经济活动场所转向了现代智能城市，其具有实用性、技术性和功能性。城市环境艺术设计的发展源于人类对宇宙、自然、生命以及完美生活的追求，它直接涉及人类活动。马克斯·韦伯（Max Weber）曾说，“我们是有文化的人类，秉具有意识地对世界采取一种态度和赋予它意义的能力和意志”[①]。随着人们对城市的需求日益提高，城市环境艺术设计已成为一项具有社会学特性和文化价值的实践活动。为了理解城市环境艺术的核心概念，须先掌握与环境相关的基础概念。

一、环境

环境是个内涵丰富、外延宽泛的概念，广义上指人类所存在的一切周围地方，以及其中存在的一切可感知的事物，具有宏观和微观之分。通常将环境分为自然环境与人工环境两类，也可进一步将其分为自然环境、建筑环境以及园林环境等类型。大自然中的飞禽走兽、草木虫鱼、山川河流都是自然环境的一部分，城市生活中的建筑园林、道路景观是人工环境的构成要素，甚至人们的行为活动和生存条件也都是环境中的重要因素。人类与环境彼此作用，相互影响，在环境的改造和利用过程中，人们努力创造出符合自身价值取向的生存环境。从环境艺术设计的角度上看，环境还可被分为内在环境与外在环境两方面。其中，构成事物本身的组织和物质叫作内在环境，而在内在环境之外的客观存在就是外在环境，包含实现设计意图所需的各种客观存在。从现代系统科学的角度来看，“环境”和“系统”间存在着特定的依存关系。环境的存在是系统存在的依据，环境为组成系统的各要素间相互交流提供依托，适宜的环境条件对系统稳定运转起到积极作用。系统的环境、结构以及各类元素都直接影响着系统功能的实现。

1987 年，赫伯特·西蒙（Herbert Simon）在《关于人为事物的科学》中指出，如今人类所处的早已不是原本自然的世界，而是人造或是经过人类加

① 李佳蔚：《关于当代建筑设计美学的再思考》，《艺术工作》2016 年第 3 期，第 89–91 页。

工雕琢过的世界，在人类所接触过的每样东西上都能找到人们存在过的踪迹。人类借助技术技能制作出自身需要的物品。并借由这些物品的力量，不断适应和改造大自然的环境，同时也为自身的生存和发展创造了更加适宜的生存环境。基于这种理念，人们对环境的认知逐渐从自然实体转变到一个抽象的概念。在此发展过程中，环境已不仅充当人类行为活动的衬布，自然环境和人工环境已然成为文明发展的载体。对环境的时代性解读可以指导人类在现实生活中的行为，以达到更好地改造环境的目的。

二、环境艺术设计

环境艺术不是简单地对环境和艺术两者字面上的拼凑，而是将两者调和统一为一个有机整体，是观赏性、功能性、技术性、艺术性、价值性的协调统一。通常指在特定的自然、人文条件下，遵循自然法则和艺术规律，运用科学技术和工艺材料，创造出既能满足生产、生活需要，又符合美学原则的综合空间艺术作品。环境艺术主要包括两方面的基本原则，一方面是价值性原则，即满足人们的生产、生活需要；另一方面是美学原则，即符合美学规律和受众的审美倾向。环境艺术需要在研究和认识人们生存需要的同时，掌握创造美好生活环境的理念和方法。环境艺术除了专门用于环境美化目的的艺术作品之外，还包括地景艺术、偶发艺术以及被建筑界称为“景观艺术”等艺术形式。

有研究者认为，环境艺术应当具备概念的力度、客观的能见度和观念的识别度三个基本性质。环境艺术与雕塑、绘画不同，它更类似于音乐，如果其内部缺失旋律和独特的规律，它就会丧失自身特点变得平庸，从而被无尽的自然景观所吞噬。环境艺术不能只是简单地给人带来愉悦，还必须具备足够的特质来激发人们欣赏的情趣。

同时，这种艺术产品必须可以获得更广泛的认同。例如，购物广场的设计要能够让人们体验良好的购物环境，同时激发更强的购物欲望；房地产的设计要既给人美的感受，又要给人对美好生活的联想；办公楼的空间设计也可以既提升空间形象，又能够提高工作效率，帮助公司创造更高的产值。

有些建筑设计师认为，环境艺术同时具备纯粹艺术和实用艺术双重成分，环境艺术处于社会艺术生产过程中的中间阶段，其核心是对于整体关系的综合表现，作为实用产品与非实用产品审美信息的重要载体。在建筑和艺术界，环境艺术是一个重要的分支。美学涵盖人类感性知觉中各种形式关系。欣赏美需要处理多种感知关系，如瞬间的、经验的、文化的和期望的等因素，挑选、整理和组合这些关系形成美的概念。因而，美的感受是相对的，但在人们共同的生活环境和生命方式下对美有相似的认识。美国现代建筑师托伯特·哈姆林（Talbot Hamlin）在20世纪中期提出了著名的美学原则，涉及统一、均衡、比例、尺度、韵律、布局序列、规则和非规则设计、个性、风格和色彩等方面。随着全球化不断深入，这些标准越来越广泛地应用于建筑实践，并在全球范围内不断被完善，丰富着人类关于环境艺术设计的美学表达，并促进了其自身的发展。

环境艺术设计不同于“艺术、工艺、美术”等概念，而是在于环境和艺术两者间的互相渗透作用，它所涉及的学科很广泛，包含建筑学、景观设计、城市设计、城市规划、环境行为学、人体工程学、设计美学、环境心理学、文化学、社会学、史学、民族学等方面。环境艺术设计是一个相对概念，有广义和狭义之分，有人认为，从广义角度讲，这门学科是指具有环境意识，并以环境生态学为指导方向的艺术设计；而狭义上的环境艺术设计是指以人工建筑环境为主体，在其内外空间进行的景观设计创作。环境艺术设计从尺度上由小及大可以分为微观设计、中观设计、宏观设计。微观层面范畴指的是室内设计与装饰设计等，中观环境设计的范畴是景观建筑学、建筑设计等，宏观环境设计的范畴是城市设计及城市规划等。从某种意义上说，城市环境艺术设计是伴随设计自始至终的，从功能实践方面讲，它更关注微观与中观层面的环境设计，强调在创造物质环境的同时，通过人与环境间的信息交流来实现设计元素的和谐共生。

还有人认为，环境艺术设计在广义上分为建筑室外景观设计和建筑室内环境艺术设计两部分，包含技术、功能和艺术三个要素，其中技术是实现环境功能的必要基础，功能在设计过程中要目的明确，而艺术是最为终极的目标，需要兼顾功能和技术的特征。环境艺术设计不仅需要把握好自身的学科范畴，而且必须处理好与城市设计、建筑设计以及景区园林设计等相邻学科间的关系。

一些美术学院的学者认为，组成环境的各种实体元素均参与了对空间进行创造的过程。环境艺术设计的外在形象不能空穴来风，要有理有序，要和环境属性契合。此外，环境艺术设计作品的艺术性还在于用艺术来点缀美化环境，创造出真正服务于生活的美的环境。

还有教授认为，作为新兴的现代设计学科，环境艺术设计包含人类对生存环境从微观到宏观的一整套设计理念，映射着人们对生活方式的包容、协调与创新，也反映着人与自然、人与社会之间的逻辑关系。其外延覆盖建筑设计、城市设计、园林景观设计、室内设计、雕塑设计、环境设施设计等。

西方的环境设计理论家认为，环境设计是一种更综合、更广泛、对工程技术要求更高的艺术形式。这种艺术注重实用，比传统的概念更优越，与人类的各种能力紧密相连，不仅为周围的事物赋予了视觉次序，而且加强了人类的空间认识。还有学者指出，环境艺术设计是设计者针对某一环境场所，在精神功能、物质功能以及审美功能上的艺术表达，这种表述不仅阐明了空间环境存在使用价值，而且强调了环境艺术设计的审美艺术价值和精神价值，强调了环境艺术设计在艺术风格、历史文脉、审美取向等精神层面的意义。

这些观点从多维度分析论述了环境艺术设计的基本概念，反映了人们对这一学科的理论认知和实践成果，阐明了环境艺术设计的时代内涵，被学术界普遍接受。综合来看，环境艺术设计是多种科学的综合，是借助艺术的手法，将建筑、雕塑、景观等观赏艺术种类结合起来，为人们创造出使人获得审美感受的艺术形式。环境艺术设计的对象是人们赖以生活、工作、社交的环境场所，宏观上大到建筑集群、城市布局规划，微观上小到室内、装饰布景乃至家居设计。在设计过程中，采用艺术的方法，协调各种环境因素，从内外整体上布置和规划环境要素。它以人们的生产、生活以及社会发展为基础，创造舒适、美观、方便、高效的空间环境场。

在我国，20 世纪 80 年代开始，环境艺术设计开始在我国发展起来，这极大地丰富和提升了我国当代建筑设计的设计理念与哲学内涵，但环境艺术设计仍存在沿袭旧有风格的问题，如用美术、工艺、构图等作为环境设计的习惯，还有在设计过程中过于强调视觉美观效果，而缺乏现实环境的调查内容，缺乏对环境艺术设计的理论研究和使用评价，以及对环境的生态、效益等意识的缺乏，而过度强调对外在视觉效果的表达。面对当前的全球化发展的历史机遇，我国的环境艺术设计要进一步提升发展理念，以人为本，科学化、系统化、艺术化地围绕人这一核心，塑造适宜的人居环境。环境艺术设计的新理念，不仅为当前的商业活动提供标准，而且要转化为公众的生态、可持续环境意识，以可持续发展为基本立脚点，协调人与自然、社会的关系，明确一个符合人类未来生存发展的绿色设计发展方向。

三、城市环境艺术设计

自古以来，人们根据自身生存的需要，不断发挥主观能动性，创造和改变着环境，并因此产生了建筑和城市。现代工业革命的发生，使得社会生产走向信息化，新技术、新材料的开发，以及对更大量、更高效率生产模式的追求，启发着人们不断思考城市设计、建筑设计的革新。实用主义方法论和美学主义取向"联姻"，在以满足市场化的需要为基本导向的前提下，发展出了城市环境艺术设计，并使关于城市的一切设计由最初的艺术美学观念逐渐向更深层次的"为人"的价值空间转变。

城市环境艺术设计成为一座桥梁，将生态学、艺术学与城市设计、建筑设计、风景园林设计连接为一个整体，并将人与城市的关系提升到一个崭新的层面。

城市环境艺术设计是一门新兴的学科。在当代东西方城市发展历程中，基于城市设计、建筑设计和风景园林设计等学科的发展，城市环境艺术设计逐步走上历史舞台。20 世纪 60 年代后期，西方国家的城市设计师和建筑设计师逐渐意识到城市设计和建筑设计两者间是协调、统一的关系，追根溯源，二者均是人工环境设计，只是在层次、尺度、功能上不同。我国同样遵循了城市环境艺术设计的大趋向，以宏观角度的环境艺术感作为设计"视域"的出发点，兼收并蓄，统筹兼顾，践行并发展着这一新兴的学科。

城市环境艺术设计是一种将艺术创意和技术应用于城市环境中的设计方法，包含各种艺术手法的运用和对环境元素的理解和表现。环境艺术是城市空间不可分割的一部分，而环境艺术也只有在城市发展中才能最大程度地发挥出它的价值和意义。因此我们说，城市环境设计既可以被看作是城市规划的构成元素，又可以独立成为城市建设的对象，城市环境艺术与城市设计从某种意义上讲是共生的。在理解上，不能将城市环境艺术设计简单地等同于"城市 + 环境 + 装饰""城市 + 环境 + 艺术品"，而是运用综合的技术、艺术手法，由"实用的艺术""欣赏的艺术"联合派生出来的一种崭新的艺术形式，让人们在城市的生活环境中不断获得生理和心理的满足，获得艺术和精神的愉悦。

有学者认为城市环境艺术设计是一种"时间的艺术"，需要将新旧环境产生的彼此顺序联系起来。城市环境艺术设计不只是数以万计的市民的感知物，同时是他们参与保护、创造、延续的事物。还有相关学者指出，城市和所在环境之间的组合在一定程度上可以看成是建筑与自然环境之间的对话。

城市环境对人类来说是生存和生活的场所。城市环境艺术集精神和物质于一体，它并不独立，而以人为基础。城市环境艺术在现代城市设计和城市发展中具有一定的作用，在设计过程中必须坚持“以人为本”的设计原则，围绕服务经济、社会、文化建设等发展理念，以改善和提高城市的环境质量为主要目标，创造出丰富的文化内涵以及空间美学层次，通过运用各种艺术手法，满足人们在情感、物质、心理和行为规范等方面的需求，从而感受到愉悦和舒适。城市环境艺术设计的主要目的在于打造一个更美好的城市环境，这是其核心所在。随着时间推移，人们的生活环境和审美标准不断发展变化，城市环境艺术设计也将迎来更广泛的发展。

第二节　城市环境艺术设计的相关理论

一、城市环境艺术设计的发展理论

（一）可持续发展理论

伴随城市化进程的高度发展，大规模的商场、各类娱乐活动中心，以及住宅随处扩建，西方建筑、景观、城市设计等学科间联系日益紧密，并不断融合。景观都市主义被视为应对城市发展问题的新对策，它试图以自然景观的存在方式为取向，顺应后工业时代城市发展形态的变化趋势，来应对城市发展进程中不断出现的各种问题，整合城市设计、建筑设计和景观设计的不同的设计方向，减少不同设计专业之间的竞争，降低工业城市快速蔓延，大规模生产和大众消费快速离散化造成的问题。

20 世纪以来，持续恶化的地球环境受到了世界各国人民的高度重视和广泛关注。近些年来，世界各国对环境保护的理解和措施不断经历碰撞和融合，并借助科学、经济以及法律、行政等措施，保护人类赖以生存的环境。同时，不断对城市生态环境进行保护和改善，使之更适宜人类和自然的依存与发展，尽量减少危及人类生存和环境破坏的负面因素。

在当今世界环境问题日益突出的形势下，可持续发展理念应运而生。可持续是指在不削弱自然生态系统正常发展和生产能力的前提下，实现对生态需求与供给的一种动态平衡。美国学者认为，可持续就是将一个系统赖以运转的重要资源持续不断运用至未来生活的一种社会发展能力。在全球人口数量激增、持续污染以及稀有能源需求逐年增加的时代，可持续发展理念迅速崛起成为全球发展的新主题。

人们通过对环境艺术设计的研究，开始意识到环境可持续与经济可持续两者之间的紧密联系。如果说经济、环境的可持续发展是目标，那么可持续设计就是设计师实现目标的路径之一。可持续设计使高生态资源消耗的系统转变为有活力、可恢复，而且适应性强的可持续循环系统。

社会和谐发展的基础与必要条件就是生存与发展的平衡，在自然环境中，许多资源是不可再生的，一旦造成破坏，很多资源将无法恢复。因此，我们在进行环境设计时，应考虑生态平衡，考虑可持续发展的可能。“绿色设计”“生态设计”和“可持续发展”应是现代环境艺术设计应该遵循的普遍原则。维持人与自然的平衡，协调处理人与自然的关系，构建绿色和谐空间体系，实现效率与活力的平衡发展。在城市环境艺术设计中，既要提升新区建设标准，又要保障优化旧区经济效率，保持环境活力。不单纯强调量的增长，而是要强调质量的全面改善，要从精神文明和物质文明并重的角度出发进行全面而细致的规划，确保城市环境艺术的建设满足经济社会稳定增长和发展的需要。

当代环境艺术设计是依据可持续发展原则，从环境、社会、经济以及文化等方面统筹协调，为人类社会生存和发展创造出美好和谐的生存环境。可持续发展对于人类的生存繁衍尤为重要，包括自然环境和社会经济发展两方面的可持续。可持续发展的前提是保持社会公正、生态环境持续向前发展，公众积极参与生产发展。环境艺术设计的最终目标是以自然资源为基础，有效协同环境承载能力，与社会进步相适应，提高人民生活水平。在设计实践领域，建筑物、家具、产品以及电器等都需要将生态环境作为前提进行设计考虑。不仅要确保使用期间不对环境造成破坏，还应考虑使用寿命终止后可否回归自然环境，甚至有益于自然生态。

（二）环境生态学

18 世纪工业革命以来，西方各国随着生产技术的革新，不断积累财富，堆积速度远超以往。然而也对自然生态造成了永久的创伤，割裂了人与自然的友好关系。可以说，在相当长的历史时期内，为了实现经济和社会发展，工业文明不得不以牺牲自然环境为代价。当前，城市化进程强劲不可逆转，预计到 2025 年会有至少 25 亿人口居住在城市，占比 60% 以上。在发展中国家，城市人口将占比 77% 左右。由于各国城市化进程过快，给生态环境带来了一系列问题，如臭氧空洞、酸雨、海洋生物锐减等。

自然资源的超额开发，资源使用中的过度浪费，生产建设制度的种种不完善导致有害气体、污水等肆意排放，废料的堆积造成生态环境的污染，最终影响到地球上的各类生物，也包括人类自己。人类生存受到威胁，不得不重新审视与大自然的关系，调整经济社会发展模式，营造一个安全、舒适、低能耗、高效率、低排放的环境。于是如何利用生态学引导设计成为如今设计师们探讨的话题。具体来说环境生态学主要体现在以下 3 个方面。

①注重生态环境的和谐。除了关注人类与自然的关系，还要重视人类与社会的关系。良好的生态环境是一种可以支持人类社会持续进步的环境，这种和谐体现在积极健康的人群、浓郁的文化氛围、深邃的人情味和充满生机活力的环境。要营造出发展人、关心人、陶冶人的“爱的家园”，而不是一个用自然元素堆砌点缀却毫无生气的人居环境。

②重视生态环境的可持续性。可持续发展的生态观不仅涉及学科知识，而且是一种生态智慧。这种观点探索了全新的经济和社会发展理念并激发了创新思维。

环境可持续性发展的基石就是环保，而保护生态环境有助于推动社会经济的可持续增长。我们要杜绝竭泽而渔、杀鸡取卵式的开发方式，在发展经济的同时，顺应自然环境的演化规律，协调处理人与自然间的关系。这需要环境艺术设计专业人才的不懈努力，需要对社会进行长期不懈的宣传教育，也需要社会公众和社会组织的广泛参与。

③系统性的生态环境观。生态环境观需要一个综合性的考量，同时协调环境、经济和社会这三方面的关系，不能只单纯追求环境优美或是经济利益的最大化。不仅要注重经济可持续发展和维护生态环境的平衡协调，而且要注重对社会民众生活品质的提升，确保在平衡协调的新秩序下实现良好的发展和进步。环境艺术设计师要把自己作为自然环境的一部分，注重情与景的关系，体现情景交融，融入大自然的意境，与环境息息相通。这种“天人合一”的环境理念指导着现代环境设计向科学的生态环境观方向迈进。

（三）环境人文学

环境、生活、文化三者环环相扣，环境是生活状态的真实写照，生活扎根于文化之中，文化又是现代环境的依托。正是由于这片文化土壤的培育和供给，才让当今的社会环境有了“记忆中的活力”，而不是短暂的“瞬间的活力”，正是文化的发展和积淀，才使得环境的内在精神和外在特点有了继承和发展。现代环境艺术设计需要通过对传统优秀文化精髓的传承，来体现现代环境艺术设计的艺术文化性，以不同的形式展现着它的魅力。有效地继承和传承建筑环境中的文化，必然能提升现代环境艺术的文化底蕴。

人类社会发展促进了环境艺术的革新，环境艺术是社会及历史文化的流露，世界上几乎所有民族的文化特征都会在时代的环境艺术中淋漓尽致地表现出来。当今人类的居住环境受到传统历史文化的影响，这促成了新与旧文化在环境美学中相互交融，使环境艺术的时空特性沟通着过去和未来。正如查尔斯·穆尔（Charles Moore）描述，建筑应该在时间上、空间上以及事物的彼此关系上强调地方感，要让人们知道它究竟住在哪个地方。由此可见，环境艺术的语言不应该抽象地独立于外部世界，而应该根植于周围的环境中，让人能引起关于历史传统的联想。

现代人逐渐意识到人性正在向着一种包罗万象的世界文化走去，这种文化并不会凭空出现，必须由人类自己不断地自我指导和驾驭。这种文化战略思想为我们指明对待历史的正确方法，减少盲目性、主观随意性，只有这样才能争取自身的自由、发展。在环境艺术设计过程中，要注重将民族的或城市的辉煌历史、文化特点融入其中，实现在传承中发展创新。

首先，对于传统文化的继承，不能生搬硬套。优秀的环境艺术设计应该展现当地特色。将传统元素融入设计中可以更好地体现当地的社会背景和文化特色，并借助优秀的设计实现历史的传承，将独到的环境学见解、鲜明的地域特色及文化中蕴含的寓意体现在现代环境艺术设计作品中。

其次，要在继承和发展中，注重历史环境的保护。城市环境及其建筑物是在特定环境中形成的历史文化产物，体现了一个国家、地区和民族的历史文化传统，可识别性和可辨性十分明显。要注意加深对传统文化的认识，唤起民众的文化自信。

最后，要提升传统文化的时代性与包容性。城市作为有机体，城市环境需要更新，变化是生活的法则，要表现出多样性以及强大的延续性，继承与发展传统文化正是为了新时代的创新。

（四）环境美学

环境要素的形成首先要关注人的审美体验。其次，由于人具有活动性，不能忽视人在移动过程中对环境体验的需求。再次，处理好人与环境间的相互关系，不仅应当遵循客观规律，还应善于利用情感环境对人们心理产生影响。最后，在保持风格一致性的同时，为观众带来全新的审美感受，有目的地引导审美趋势，抓住视角变化带来的美感变化，从而发展环境的流畅体验。

环境艺术作为一种视觉艺术，其重要目标之一就是要充分发挥视觉信息符号的作用，通过造型、材质、色彩等要素，为人们提供环境体验。符号性强的作品，可以深刻表达环境艺术设计的主题内涵，折射出社会公众的审美倾向。目前，通常的设计方法是代人具有信息性强的符号，同时进一步考虑环境所处的区位，加入“文脉”因素，在环境的空间部分中加以表达。在现代美学心理的持续影响下，对符号化视觉元素的处理方式愈发新颖而抽象，时空定位也不再固守于同一个场所，凡是意义和形式可以关联的符号性元素都可以被使用，形成视觉引导或心理暗示，进而延伸出对文化的解读和对功能的划分。

虽然环境艺术作品主要通过视觉进行观赏，但是在审美需求逐渐多元化的今天，人的各种感觉器官都被充分激发起来，这就要求环境艺术设计作品必须能给人们更加丰富和多元化的审美体验。由此也要求设计师在进行环境艺术创作过程中，要更多地将对象性的情感思维加入，让人们在环境体验中形成沉浸式的意象和感受，进而产生认同和偏好。

近代象征美学里讲到，人们如果能够读懂所处环境的意义，并在脑中产生共鸣，就会引发人们产生快感。因此现代设计师一方面要考量设计的形式美，另一方面还要注意展现建筑空间的意义，赋予设计作品一定的艺术特色和精神内容的东西。审美体验所要求具备的抽象性情感分为横向与纵向两种类型，分别体现了审美体验的隐喻性和文脉性特点。前者着重指出了多元信息码会受环境影响，从而唤起人们的想象性情感反应，强调展现共时性内容；后者重视将历史和文化有机结合，激发人们对历史背景的想象和共鸣，侧重于历史内容。通过唤起人们的想象力和审美能力，满足其内心的情感美学需求。

（五）环境心理学

一个时代的环境要素反映一个时代人们的心理因素、精神面貌等多种因素。环境艺术设计与其他学科联系很密切，如工程学、心理学、社会学等，而环境心理学充当着环境艺术学基础学科的一部分。20 世纪以来，信息化使人与环境间的作用方式发生根本性的转变，在设计内容、空间形态、设计方法、环境评价等方面都深深地烙上了信息时代的印记，呈现新的环境心理和行为特征。

由于组成我们生存环境的要素具有持续的可变性，人和环境间相互作用关系也由浅入深，不断推进，人们发挥主观能动性改造自然的能力与时俱进。此外，人与人之间信息交流行为活动等也会影响人和环境之间的关系。人的社会性越来越强，个人与社会环境之间的关系也更加错综复杂。环境心理学家认为，好的环境设计、好的环境景观都会对人的心理产生非常重要的积极影响。环境心理学指出，人和环境间的相互作用关系通常表现为刺激与效应。外界环境作用于人的过程就是对人造成刺激的过程。人们在受到环境条件刺激后，就会产生心理感受，形成适应环境、改造环境的想法，进而做出改造环境的行为。

在环境艺术设计中研究心理学的意义在于只有弄清楚环境和人心理之间的关系，才能充分把握环境艺术设计的方向和主题。人的行为也是外部环境作用于人体后，人的心理活动的具象化表现。环境行为与环境心理之间存在着很强的对应关系。环境心理学既要考量不同环境对人心理的作用关系，又要思考人的心理对环境可能产生哪些需要，根据人的需求对环境进行改善和优化。在进行环境设计时，要营造一个舒适、安全、优雅、美丽的环境，首先应当把控好人的心理和生理因素，协调好相关元素间的关系。例如，居民小区的一个重要的心理环境因素表现在安全防范上。在设计中要积极开展居住小区环境研究，提出安全防范措施，深入研究引导人行为的环境设计，合理安排小区室内外空间，提供安全舒适的公共环境，降低犯罪行为出现。在居住领域划分方面，以功能为依据，对居住空间进行合理的层次划分，从公共区域到私人区域进行平缓过渡，多方面考量人的心理因素，让生活在其中的人们产生安全感、归属感，从而自觉地维护居住环境。

二、城市环境艺术设计的基本特征

（一）系统性

环境艺术是一个由自然系统和人工系统组成的复合系统，涵盖空间造型、色彩运用、材料属性以及采光和使用功能等方面。山水、气候、地形等元素组成自然系统；交通、水电、建筑、照明设施、绿化等元素则组成人工系统。除了这些构成环境艺术设计的实体要素外，还有一些非物质要素如观念、意识和思想等。由于环境艺术设计涉及多门学科和领域，所以必须要有系统和整体的观念。

随着现代系统科学的发展，系统的思想作为普遍的规律已经深入每一个设计环节。在现代系统科学中，环境和系统本身有着同样的重要性。因为系统依托环境而存在，环境是系统要素间相互联系的必要条件。适宜的环境条件为保障系统正常运行提供了良好条件，特别是对于人工系统，其组成元素、系统结构和系统运行环境都是由人为设定，一个人工系统的环境因素和结构因素通常是这个系统设计优劣、成败的关键，其可调节性越强，就越能够产生理想的系统，实现预期的功能。

有些著名的学者认为艺术设计是一门综合性和交叉性很强的学科，它涉及自然科学、社会和人文科学等学术领域。在城市环境艺术设计中，多元学科的特点体现在整合不同专业领域的教学内容和专业特点，使其构成一个完整的系统。

即便现代艺术设计与“工艺美术”有所差别，但它融合了全新的观念和主题，是人类知识的不断积淀。同时，由于艺术设计学科所涵盖专业种类的繁多，无论在学科内涵，抑或是专业领域都有丰富的外延，这也使得艺术设计几乎包含与其相关的所有专业。一份完整的城市环境艺术设计包含环境艺术工程的整体空间规划，不仅要将城市环境艺术设计的各个构成部分组合起来，而且包括意境创造关系把握、周围环境关系协调等，最终使这个组合能形成统一和谐的有机整体。杰出的城市环境设计作品必须对城市整体功能的实现有确凿而实际的作用。

（二）实用性

实用性是城市环境艺术设计的重要特征之一。实用艺术与其他艺术形式不同，体现在价值性与艺术性的统一、技术与艺术风格的统一、实用价值与审美价值的统一。实用艺术是一种动态艺术，具有空间性、直观性和表现性。它把艺术与功能牢牢地结合在一起，是艺术的一个重要类别。城市环境艺术将城市中具体的形体、结构、材料与抽象的艺术、文化、观念相结合，具有物质生产与艺术创作相统一的特征，既能发挥物质层面的实用功能，又发挥精神层面的传播功能。

在现代化城市的建设中，各种城市公共空间都是有特定功能的，都是人们日常生活所要用到的。建筑、园林的设计以及环境艺术的设计都会竭尽全力将艺术的手法融入其中，使城市环境设计作品富有艺术感染力，同时又必须考虑其实用性，要符合设计的目的和用途。现在，很多公共空间使用效率相对较低，一些公共空间的设计不具“人性化”，有些地方看起来绿化率很高，使用功能却很低，这类设计中看不中用，是对城市公共资源的浪费。

（三）地域性

俗话说“十里不同音，百里不同俗”，地域特征对城市环境艺术设计有着一定影响。自古以来，人们就重视建筑与地域的关系。灵感和分析是古人建筑艺术设计的源泉，也充分体现了建筑与环境的关系。古埃及和玛雅文明在进行建筑位置定位时都会遵从宗教和“神灵”的旨意，借助占星术等方法确定位置。在我国古代社会，风水之说盛行。风水学主要阐述了建筑与天候、地理、人事间彼此协调的哲理，通过分析人文、风向、日照、地质、气候以及景观等诸多自然因素，进行选址和福祸评价，并采取相应的建筑规划设计对策，帮助人们趋吉避凶、广纳福祉，创造出适宜人们长期居住和繁衍生息的良好生存环境。现今，在艺术设计领域，越来越多的艺术家开始在创作中融合当地文化和环境因素，使得作品具有本土气息，展现当地智慧，传承地方文化，突出地方特色。这些作品能够唤起人的归属感，同时利用现代艺术的手法提高作品国际舞台上的展示效果。

中国古典智慧中讲求的“风水”，其实就是对地域因素形而上的抽象与概括，包括地理形态、河流走向、地貌特点、植被种类等因素，对建筑选址、房屋造型等有很大影响。以四川省丘陵地带为例，民居顺着山势建造，形成了适应性的吊、挑、台形式（见图 1–1）；再如云南傣族自治州，以轻质材料草木建造的干栏式住宅，屋顶体量硕大，轻盈秀美（见图 1–2），在建造时充分利用当地易得的材料，将房屋用支架支撑在地平面以上，改善隔热通风条件，避免人们遭受潮湿气候的伤害；再如四川藏民的房屋，采用坚固倾斜的外墙、梯形的藏式装饰、正封闭的建筑平面、能晒粮食的平屋顶，形成藏族民居独特的建筑风采（见图 1–3）。

图 1–1　四川省丘陵地带民居

图 1–2　云南傣族民居

图 1–3　四川藏族民居

人类社会的建筑具有极强的地域性特点，人类社会的生产和经济也具有地域性特点，人类在生产、生活中所创造的文化也充满地域性。从世界范围内来看，建筑和建筑艺术的地域性特征十分明显。主要区别在于，西方以石建筑为主，厚重封闭，东方国家则以木结构建筑为主，轻盈宽敞。如果进一步探讨东方建筑，尽管都是以木结构材质建造而成，但各地风格也迥然不同。我国的木构体系，传达着一种和谐的儒家中庸之美——尺度柔和，比例严谨。而日本的木构建筑反映了其民族特有的“场所”精神——精巧洒脱，对比强烈。

我国民居的建筑艺术特点因地区的不同而风格迥异，在发展过程中形成千差万别、各具特色的建筑风格。民居建筑中，合院（三合院、四合院）类住宅是北方较为普遍的建筑类型，如北京地区因为气候较为温和干燥，其合院住宅空间尺度适宜，温和舒适（见图 1–4）；坐落在山西、陕西一带的半坡屋顶式建筑，为适应环境条件而产生，极具地方特色（见图 1–5），建筑空间特点狭窄密闭；江浙一带地区的宅院风格一派清秀，粉墙黛瓦，庭院深深（见图 1–6）；闽粤一带则多为圆形土楼，空间复杂，别具一格，潇洒的拉弓墙，翘起的屋脊，成为当地独特的风景线（见图 1–7）。

图 1–4　北京合院类建筑

图 1–5　山西、陕西半坡屋顶式建筑

图 1-6 江浙庭院

图 1-7 闽粤土楼建筑

当今现代主义风格盛行，现代派建筑早已是“一统天下”，到处都矗立着标榜简约、理性和实用性的“国际式建筑”。但我们细细观察就会发现，现代主义建筑从一开始就是以区域性为特点发展起来的。北欧地区的现代主义建筑气质含蓄、轻快，借助精巧加工的木材，呈现出该地区独有的人文气息；南美地区建筑以简洁通透为特点，几何形体鲜明；而亚洲地区的现代主义建筑，往往表现得比较折中，以中国和日本建筑为代表，这都是由于其复杂的社会发展经历造成的。

当今时代，无论是立足于地方性发展，还是放眼国际化，区域文化的发展，都是民族和地区文化凝聚力的新生，一方面推动人类文明进步，另一方面激发本民族文化的活力，避免民族传统文化的消失。在全球化浪潮的鼓舞下，城市环境艺术设计更需要与文化地域性、创新性结合。研究艺术设计的地域性，一方面可以在地域性建筑中提取装饰要素，加以改造，向新的国际化潮流的方向转变。另一方面，还可以借助现代设计手法，对地方传统特色的建筑语汇进行改造，赋予建筑装饰鲜明的时代特征。城市环境艺术设计的各类元素不能强行拼凑，应遵照原有传承下来的逻辑进行组合，在继承中更新现代风格的建筑元素。要以一种严谨且开放的态度来对待地域性环境艺术，发扬地域性文化的多样性。从弘扬民族文化的角度讲，需要进行“本土经验全球化”；而从城市环境艺术设计的全球化角度讲，需要实现“全球价值的地域化”。

（四）艺术性

用艺术手法建设城市环境是城市环境艺术设计的立命之本，城市环境艺术设计是以艺术审美为基础的“创美”活动。艺术性是城市环境艺术设计的主要特征，城市环境艺术设计既要实现功能性，又要展现出艺术特征，艺术特征就是要通过环境设计给人带来自然舒适的感受。从艺术设计的角度来看，城市环境艺术设计主要有使用功能和审美功能两大类功能，实现两者的完美结合是城市环境艺术设计追求的最高境界。

在进行城市环境艺术设计时必须要遵循美学规律，使人产生美感，心情愉悦；同时通过艺术加工，可以提高人们的美学修养和审美情趣，带给人文化的启迪，提高人的文化品位。环境艺术的研究成果可以从艺术角度对建筑、园林等相关学科的规划予以指导。城市环境艺术设计需要根据对象人群不同、品位追求不同，提供不同的环境产品。任何“创美”和审美活动都植根于特定的审美文化心理，而这种心理又是由特定人群的价值观念、品位和性格特征决定的，因此城市环境艺术设计必须讲求艺术的对象性。需要注意的是，环境艺术不是提供纯粹欣赏的艺术，环境艺术的创作不能成为艺术家的单纯自我表现，必须将社会责任和社会作用充分考虑在内，将自然、社会、人文、艺术和技术完美结合，包括地理地貌、气候、民俗民情、工程技术、种植、环境心理、历史文化、人体工程、审美欣赏等方面的知识。随着生态学、植物学、环境声学、心理学、光学等学科逐渐应用于城市环境艺术设计，以及利用信息学、传播学、符号学等知识进行分析和研究，使得城市环境艺术设计取得更加长远的发展，同时也使得其艺术性和科学性实现更加完美的融合。

（五）生态性

生态性是当今城市环境艺术设计的基本遵循，保护环境生态是城市环境艺术设计的重要内容。由于人类对社会经济发展的过度追求，导致人类不断以破坏自然环境为代价来满足发展欲望。过度开发以及对自然资源的滥用对自然界造成难以估量的损失。自然环境是一个客观存在的系统，它拥有自身的发展规律和运行特点，人类自身也是自然界的一部分，也具有自然属性，和其他自然元素一起组成自然环境的整体的共生系统。在这个共生系统中，对某一局部元素的破坏将会导致全局的破坏。尊重自然、尊重人类自身的最好方法就是与自然和谐相处。如今人们已经充分意识到这个问题，人们寄希望于城市环境艺术设计能够在先进的技术和理念的指导下，减少在城市化进程中的能源消耗和环境污染，使新时代的城市建设走上绿色和谐的健康轨道。

绿色设计为城市环境艺术设计提供了一个可行的解决方案。绿色设计注重人和自然的生态平衡。每套设计方案都要认真考量对生态的影响，把对自然生态的影响降到最低。同时绿色设计也是人们对自然环境破坏反思的重要结果，体现了环境艺术设计师的社会责任心的回归和道德的回归。保护生态环境要做到“3R”，即 Reduce（节能）、Reuse（回收利用）、Recycle（循环）。“3R”要求我们做到节能，减排，同时也要求产品及原材料可以便捷、高效地回收再利用。从自然角度来看，绿色设计是一种探寻最佳生态系统运行方式来确保自然生态系统完整性的新思路，为人类生态环境持续发展创造条件；从社会角度来看，它是在不突破生态系统最大承受限度的情况下，对人类生活质量进行提升；从科技角度来看，它是寻找高效、清洁技术的新方法，以实现资源和能源的最低消耗，探索低排污工艺系统的新路径。绿色设计理念不仅是技术上的创新，更重要的是对思维模式的转变。这种观念倡导将环保放在首要位置，并在生产过程中更具责任感，研制持久、简便的产品以延长使用寿命。

在设计实践中，在进行基地选址、形体设计、景观规划过程的时候，设计师在注重建筑实用性的同时，也要更加关注设计与生态的和谐关系，充分尊重建筑与周围自然环境的关系，使两者协调统一。生态型设计讲求对原有条件进行最大化利用，有以下几个出发点：从成本角度出发，减少施工时的挖方工程量、填方工程量，降低成本，减少对环境的影响。从功能出发，依据地形进行空间和流线设计，将地形优势和人流进行关联考虑。从人们视线心理感受出发，有选择地进行建筑体量和高度控制，避免人们因建筑体量过大而感到心理压抑。除此之外，还可将建筑物部分功能置于地面以下（如设备房、库房、车库等），降低建筑高度，减少压力。为了让内院得到良好的自然通风和采光条件，可对地形进行适当改造。建筑外部不能突兀，应与自然相和谐，充分设计好建筑过渡部分，达到建筑与外部环境间的良好转化，与自然融为一体。

在城市环境艺术设计中，绿化常常占有很大的比重，绿化的目的是引入自然，在一定程度上实现人们对大自然的直观体验。根据可持续发展原则，绿化不仅是人们的心理需求，而且是环境生态平衡的需要。人类是自然界生物链条中的一环，但人们在追求生活品质的过程中，很多行为都是反生态的，对生物链造成损害。通过城市环境艺术设计，人们在生产生活中，一方面要对破坏自然的生产生活方式进行改变；另一方面还要努力对自然生态进行补偿，人工绿化可谓补偿措施之一。从生态学的观点出发，在城市建设中要将灌木、乔木、草地组成立体绿化带，广泛建设自然或人工的湿地系统、山水园林，发挥植被的绿化作用。建筑屋顶上采用盆栽等绿化，在立面上种植攀藤类植物如爬山虎等，沿街种植乔木，既可以美化环境，使建筑与自然融为一体，又可以通过植物来调节环境的温度湿度，节约能源。此外，还需要充分考虑周边原有环境，如地形高低，山体动势，原有植被景观等（见图 1–8），颐和园主建筑群背靠万寿山，面朝宽阔无际的昆明湖，全园以一条中轴线为构图中心，各建筑围绕中轴线，依山布置，逐级向上，辅以各种造型各异的水榭楼阁依山傍势。

图 1–8　颐和园主建筑群

总之，城市环境艺术由自然要素和人文要素共同组成，是一门兼有空间和时间性质的实用艺术。首先，从空间角度而言，城市环境艺术地域性明显，受地区地理环境、民风民俗、伦理道德、风土人情、思想观念、宗教信仰、审美情趣的影响很大。其次，从时间角度来看，城市环境艺术是文化类型的一种，传承性很强。一个时代的特点和风格总会受到历史因素的影响，同时当代风貌特色也融入其中，这是时间连续性的具体表现。再次，建设环境友好型社会离不开城市环境艺术设计的帮助和支持。只有将城市建设规划和环境艺术设计学科完美结合，才能达到环境友好型社会建设的要求，实现人与自然和谐相处，共同发展。最后，在建设环境友好型社会美好愿景的过程中，需要所有环境艺术设计工作者将自己的专业特长与建设需求紧密结合，共同实现环境友好型社会的建设改造的宏伟目标。

三、城市环境艺术设计的功能关系

城市环境艺术设计的功能关系主要包括三个方面：第一，以人的视角为出发点进行描述，强调人对环境的感知，体现环境对人的价值性与艺术性；第二，以自然环境的视角为出发点进行描述，论述现代社会科学技术的发展对人类健康与自然环境的影响关系；第三，从文化传承的视角出发，探索其在促进人与自然和谐方面的文化贡献。综合来看，这三种功能关系主要从经济、生态、文化的角度，将人的需求寓于城市环境艺术设计的功能之中，体现出人类在创造理想生活环境的同时，渴望与生态环境和谐共生的理念。

第一种功能关系强调以人为本，是当前已经获得普遍认同的设计理念。凯文·林奇（Kevin Lynch）在《城市意象》中提出了环境意象的三个要素，分别为个性、结构和意蕴，在实际中，这三者一般同时出现。第一，意象是人们对物质的个性化感知和区分能力。第二，意象是通过观察者对物体空间结构的认知方式，建构起物体和观察者之间的形象以满足人们的实用和情感需求。通常意义的自然塑造是能够产生综合性、延展性的人类居住场所，要符合特定认同感的地区，需要用定性的术语描述这种认同性。第三，场所精神的搭建依靠于人类普遍拥有的知觉建构，以及场所决定的空间架构对场所认同感的构建，实现了将场所具有的价值与设计师的感知统一进行表现的意义。由此可知，城市环境艺术设计并不是简单地在形式上塑造，而是要让作品成为有形的、可接受的、整体性的存在，具备与场所精神共通共鸣的设计品质，这才是场所精神的具体化。这样在空间设计中，结构布置、材料形式能够被清晰、强烈地感知，物质环境成为观察者被唤起的强烈的意象特征。通过环境意象，观察者和被观察者可以相互交流。实用环境意象清晰的设计语言，能让信息材料形成秩序性的空间结构感知，同时在情感上唤起人们的安全感、认同感。例如，社区环境可以用符号、名称组成图形的形式进行书面指引，参观者可以将图形与这一地区的实际情况进行对照，形成一个总体的意向性认知，从而让观察者获得实用的方向感，也让环境变得具有亲切感。

第二种关系从自然生态视角阐述城市环境艺术设计的功能。环境美学自20世纪70年代之后开始在西方兴起，自然环境被认为是人类依存的有机体，而不再是与人类无关的、可被随意索取资源的无机物。1969年，伊恩·伦诺克斯·麦克哈格（Ian Lennox McHarg）在《设计结合自然》一书中提出“千层饼”的规划设计模式，强调了土地的固有属性，包括水文学、地质学、植物学、土壤学和野生动物学对人类生存关系的影响，人们可以依据生态系统内的功能关系描述，按照符合自然生态的操作模式，在进行环境设计时，需综合考虑多种因素，如人类文化、历史、民俗、艺术等，以正确的视角来融合自然环境与人工环境。

19世纪开始的工业化给自然环境带来了前所未有的影响，环境问题日益突出。水资源的污染、植被覆盖的大量减少、城市交通过度拥挤、垃圾和工业生产有毒的残渣处理、能源危机等给人类的生存带来了挑战，特别是一些难以降解的有毒物质、放射性废物，这些物质被排放在自然环境中，会扰乱天然形成的生态循环规律。认识世界的目的在于遵循自然界和人类社会的规律改造世界。当前，自然环境的价值被重新认识，成为与人类生存息息相关的有机整体。绿色、和谐发展理念逐步取代了过去人类社会凌驾于自然环境之上的价值观。人类的行为与自然环境的客观规律相协调，达到可持续的生态设计理念。

从20世纪80年代后期，生态设计理念崛起，生态设计要求遵从自然规律，合理利用自然资源，整合环境中各个元素间的作用关系，实现科学的设计决策。设计行为不再以人类为中心，而是深化了自然环境与人之间的协同发展。生态设计参考了生态学中生物空间等级层次、生物多样化等理论，在设计实践操作中，深化了对自然环境生态系统的认识，成为当前环境设计中普遍的、主流的表达方式。环境设计的外观表现应以城市环境艺术设计为基础，依据自然环境生态体系间的相互结构关系去完善，或是依据自身的演化规律去建构，设计的表现不再被单纯的人类美感所左右。自然环境生态系统的可持续发展与运行逐渐成为城市环境艺术设计的关键内容。

第三种功能关系从延续历史文脉的视角阐释城市环境艺术设计的功能。20世纪60年代起，西方的后现代设计，尤其以历史文脉主义为代表，多样化风格的非理性表达倾向在一定程度上颠覆了现代主义几何式风格。该设计风格采取布景术手法，以模拟乡土、古典建筑的外轮廓为方法，使得在同一个空间里同时容纳古典与现代两种设计风格。布景式设计手法与戏剧情景接近，这种做法对传统设计文化有一定的推动作用，但实际上并没有缩短现实感受与理想设计的距离。根据记载，布景术手法出现在文艺复兴后期，与中国传统的空间手法挪移相接近，但是布景术只是满足了人们在视觉冲击上的新奇感。然而中国传统设计表现却不单以人或自然的感知美为审美体验标准，而是一种人与自然的交相呼应，在一定程度上调和了材料的客观文化价值意义与人的主观感受。环境艺术设计的材料更多运用自然物，在表达上更多基于中国传统设计强调的“似与不似”的诗情画意，介于人工美与自然美之间，以朴素的审美意识，通过春夏秋冬的不同切换，在同一设计中体现景观的多重意义。在欣赏中国传统的环境艺术设计作品时，置身闹市之内，亲近自然，忘记尘世的浮躁，达到天人合一的境界，这种借用园林设计的方式传承于我国古代的“智者爱水，仁者爱山”的山水文脉理念，强调个人并非孤立存在于自然界中，构造出非边缘、非中心的理想环境，借助这种设计手法来表达对传统文脉的敬意，对人类与自然环境和谐共生的思想观念与价值追求。

第三节 城市环境艺术设计的研究现状

自人类存在以来，一直在适应自然环境、改善生存环境的同时，有意识地改造自然环境，并在各地域、各民族长期的文化积淀中发展出各自独特的生态文明和审美倾向。基于此，各国研究学者逐渐形成各自独特的城市环境艺术体系，对城市环境艺术设计也进行了多角度的研究和探索。

一、国外研究现状

18 世纪中叶，欧美发达地区最早开始研究环境艺术设计理论，随着文化的交流和传播，逐步在全球范围内出现了众多类别和风格不同的学术流派，指导当地的环境艺术设计。美国于 1899 年成立了美国景观设计师协会（简称“ASLA”）。在初期，景观设计的学科边界并不明确，没有完全脱离建筑学体系，但开辟了崭新的、系统发展的艺术领地，从传统的思路转向新的思维方式。

20 世纪 50 年代，战后各国开始按照各自的方式开启环境改造运动，诞生出多样的环境艺术设计理论，产生了机械主义、现代艺术运动、建筑学派、构成学派等艺术流派，以及像瓦尔特·格罗皮乌斯（Walter Gropius）、勒·柯布西耶（Le Corbusier）这样的环境艺术大师。伴随着新建筑理念的传播和新建筑材料的应用，大量现代化的建筑群在城市涌现，然而这一时期，更多的建筑设计只是关注了建筑本身，而忽视了对环境的影响。

20 世纪上半叶，伴随战后经济快速恢复和城市化的飞速增长，景观艺术设计发展迅速。有学者认为，要从综合角度考虑建筑室内外装修与建筑的教育方式。这是室内外建筑观念的原型。但在飞速发展的另一面，“经济”也成为个人、城市乃至国家关注的重点，在城市建设中过多地以利益为中心，大规模地改造地貌，过多关注短期现实利益，缺乏对文化传统与生态环境的考量，出现了一些环境问题，如垃圾堆积成山、空气污染、城市人口膨胀等。

在 20 世纪 60 年代，大众传媒不断发展，解构主义和符号学等理论兴起，后现代主义思潮涌现，设计师们开始改变现代主义形式特征过于单一、刻板的负面影响。建筑大师罗伯特·文丘里（Robert Venturi）提倡采用后现代主义具体、易于理解的方式设计建筑，摒弃了现代主义晦涩难懂的风格。20 世纪下半叶的环境设计倾向于综合设计，把人作为生态环境的一部分，人类的活动都必须以整个生态圈的和谐为基础。1972 年，在瑞典的首都斯德哥尔摩召开了世界第一次国际环保大会，重点商讨土地的使用机制及相关的环境保护问题。

20 世纪 90 年代，城市化进程加速，居住小区被大规模开发，大型商场、游乐设施大量建设，城市正在不断扩张，国外景观设计、城市设计等专业逐步朝着统一融合的方向发展。后现代主义设计不仅注重美学形式，而且关注思想和象征，重视环境和生态，建筑美学更亲民。后现代主义的盛行使人们对美有了多样化的认知，不再局限于单一观念的限制。后现代主义设计思想的盛行使得许多新型建筑涌现，比如迪拜塔和鸟巢（见图 1-9、图 1-10）。当代城市环境艺术设计注重关注人与生态，呈现出更为复杂和多元化的趋势，整体性和线性化审美标准已经过时。它抛弃传统思维逻辑，重塑和诠释人与环境之间深层次的感知关系。人们对建筑设计的理解和解读越来越依赖个人的审美经验。因此，在后现代主义的背景下，研究城市环境艺术设计的发展必须了解人们的生活方式、历史经验、文化背景和审美期望等诸多方面。现代城市环境艺术设计趋向于客观化，因此需要重视受众对审美的需求，并建立相应的渠道和机制。此外，人们逐渐认识到生态文明的重要性，城市环境艺术设计与生态的依存度成为新的美学评价标准。设计师提出用都市景观主义来应对城市更新，试图以自然景观存在的方式，解决在城市更新过程中因后工业时代城市形态的改变而引起的各种问题，整合多专业学科达到平衡统一，减少设计专业间的理论冲突，减少大众消费快速离散化、大规模生产、工业城市快速蔓延等带来的弊端。2000 年，荷兰的 MVRDV 团队在汉诺威世博会中设计的荷兰馆是非常具有代表性的都市景观主义的杰作（见图 1–11），团队在设计中整合了建筑、景观、城市设计理论观念，提出了将森林、坡地景观进行分层布置的空间形态，凸显环境艺术设计的独创性价值。

图 1–9　迪拜塔

图 1–10　鸟巢

图 1–11　汉诺威世博会荷兰馆

21世纪以来，伴随生态意识的进步和城市化理念的成熟，环境艺术设计理论在城市建设与发展中的作用日益凸显，对城市环境艺术设计的研究与实践更加丰富。随着“互联网+”时代的到来，技术革新再度兴起。城市环境艺术设计正处于一个新的发展时期，受到人们主观需求和客观物质条件的共同影响。

2004年，阿摩斯·拉普卜特（Amos Lappot）在《文化特性与建筑设计》中认为，人与环境的相互关系是设计实践不可缺少的支撑，也是环境行为研究的基础，环境可以看作是非语言表达的有效形式。城市环境艺术设计领域包含景观建筑、城市设计、家居产品设计、室内设计等设计领域，设计师应根据客观情况及服务对象的实际需要来制订设计思路，不能主观臆造或提前设定问题。在设计过程中需要结合认知、行为、文化等有关人的因素，充分论证人与环境的关系。

2008年，詹姆斯·科纳（James Corner）发表了《论当代景观建筑学的复兴》，深入探索了通过重新塑造城市文化来增强社会凝聚力的方法。据他所说，随着全球化进程的加剧，尽管“景观开始被认为是陈旧的媒介，但它的设计由于自然爱好者的偏执、少数浪漫主义的热情等持续成一种边缘活动”。景观能够唤起人们内在的“仁慈、善良天性”，是现代城市中用来抚慰一些不可名状愤怒的对立面。

2011年，查尔斯·瓦尔德海姆（Charles Waldheim）在《景观都市主义》中提出，都市景观发展的潜力来自后工业时代城市更新、城市产业形态转型所产生的城市剩余空间，可以深入挖掘并利用。城市的首要实践任务已经被都市景观所取代，都市景观主义是自然生态系统、基础设施系统、建筑之间运行的填隙式的设计学科。能够成为抹除城市、景观、建筑的设计界限，融合传统城市形态的设计手段，产生一种全新的都市景观形态。

二、国内研究现状

我国城市环境艺术设计是在综合国内外相关研究的基础上发展起来的，目前已经积累了客观的研究成果，但相对而言，作为一门新兴的学科，城市环境艺术设计研究仍欠缺前沿、综合、系统的分析研究。

（一）城市环境艺术设计专业研究

城市环境艺术设计具有交叉型学科、边缘型学科的特点。边缘性体现在城市环境艺术设计的学科概念的内涵和外延上。艺术学、建筑学均有其自身的研究范畴和研究框架，在专业教材、专业教育上拥有一致性的意见和发展方向，而对于城市环境艺术设计来说，专业教材、专业教育的发展比较滞后，是专业性的概念，还是观念性的概念，也存在一定的争议。

早在 1936 年，吴景奇、陆谦受就在《我们的主张》一文中指出了实用艺术在价值层面的特殊意义。他们强调，成功的艺术作品离不开四个内容，分别是时代的背景、文化的精神、美术的原理、实用的功能。同时指出，如果仅仅是为了艺术的处理或造型需要而舍弃作品的实用功能，即使是舍弃了一小部分，这仍然不合理。

伴随着中国经济的飞速发展，也为了满足我国城市居民日益增强的对城市居住环境美化的需要，中央工艺美术学院（即清华大学美术学院前身），于 1988 将室内设计专业调整为环境艺术设计专业，目的是培养一批具备综合设计素质的通用型人才，既熟悉室内设计又通晓室外环境景观设计，以满足我国社会发展的总体需要。此后，同济大学、重庆建筑工程学院也设置成立了环境艺术设计专业，成为我国当时首批该专业的试点大学。

随着改革开放的深入发展，国家经济水平、人民生活水平不断提升，建筑业也蓬勃发展，同时带动了室内设计的高速发展。为了规范化管理建筑装饰行业，中华人民共和国建设部（2008 年改为中华人民共和国住房和城乡建设部）于 1995 年 8 月发布了《建筑装饰装修管理规定》，此规定成为我国具有强说服力的室内设计标准。我国室内环境艺术中比较早的理论性研究丛书是由中央工艺美术学院的张绮曼等人在 1996 年编著的《环境艺术设计与理论》，丛书中借鉴和融合了 20 世纪 80 年代至 20 世纪 90 年代中央工艺美术学院环境艺术设计系师生的研究、评述和论文，具有极高的研究价值和时代特点。张绮曼教授在《环境艺术设计与理论》中认为，环境艺术设计是一项系统工程，又是一门新兴的学科，内容覆盖面广，包括城市建筑设计、规划设计、环境设施设计、室内设计、园林景观设计等公共空间设计，以及雕塑、壁画等环境艺术作品设计。环境艺术设计是协调人与社会行为的设计，是人类在生存环境中从宏观到微观的整合设计。

1998 年，“环境艺术设计”方向被单独设置为一个专业，“环境艺术设计”方向迅速成为国内各设计学科中的热门专业。环境艺术设计学科的人才培养从此走向专业化，同时也促进了如环境设施设计、城市景观设计等相关专业的发展。

在我国环境艺术设计专业成立以来的三十多年的发展历程中，不仅是对风景园林、城市设计、建筑设计等专业的融合和扩充，而且形成广义的、融合多学科的设计学科群。极大地推动了展示设计、景观设计、室内设计等相关专业的发展升级，对装饰、建筑等市场的良性发展起到了积极作用。人们对城市环境艺术设计的认知，也不只停留在美感层面，人们更加深刻地意识到环境对社会行为的影响力。城市环境艺术设计是一种实用艺术，是比工程技术更为敏感的艺术、比规划更有意义的艺术、比建筑的范围更大的艺术。当前，对城市环境艺术设计专业的对象性、功能性研究也不断获得系统深入的拓展。

（二）城市环境艺术设计方法理念研究

随着多学科理论的深入发展，以及城市建设实践的深入，城市环境艺术设计的方法理论研究也在不断更新，并逐渐被人们所重视。

同济大学于1996年组织编著出版的“室内设计与建筑装饰专业教学”丛书以及由中央工艺美术学院编著出版的“高校环境艺术设计专业教学”丛书汇总梳理了许多优秀的设计实例，阐述了环境艺术设计的基本理论及基础知识。1997年，东南大学齐康教授在著作《城市环境规划设计与方法》中指出，城镇建筑环境设计（城市环境艺术设计）是一种跨学科的设计研究，它融合环境科学、城市规划学、建筑学等“学科群”，提倡环境艺术设计的研究要综合不同学科的研究，产生系统、整体的时空理念。他指出，城市中有形的物质环境表现，如城市布局、城市品质、城市风格等，对城市文化特色具有显著的影响。城市文化和物质环境之间的互动关系受到一定的约束，因此需要相互配合。“形态是社会的棱镜”，“城市形态包括城市所表现出来的精神、物质的特征”。

21世纪之后，对环境艺术设计专业的理解，逐渐走出了平面设计、绘画、工艺美术等小范围的研究领域，开始走向视知觉、文化心理学的研究范畴。李砚祖于2002年撰写的《环境艺术设计的新视界》曾全面地对环境艺术设计的内涵和外延进行介绍。2003年，约翰·派尔（John Pile）的《世界室内设计史》是一部较为全面论述室内设计史的著作，明确指出各种环境艺术风格的特点，为设计提供了文化根源和理论指导。2007年，鲍诗度在其《中国环境艺术设计·散论》中指出，在可持续发展背景下的环境艺术设计，会涉及空间功能的调配，需要合理安排布置各功能空间，确保建筑达到最高的应用效率，而“功能混合发展”实际上是一种高效科学的分配方式。在设计的过程中必须考虑未来的开发模式及使用规划，好的环境艺术设计是基于规划前的设计投入及设计定位，同时为社会、消费者带来可持续、稳定的社会、经济效益，而简单依靠巨额成本投入得到的环境设计都不能称为“好的设计”。2008 年，由韦爽真编著的《环境艺术设计概论》，从环境艺术设计实践、环境艺术设计教育、21 世纪的环境艺术设计等视角，进一步系统阐述了环境艺术设计理论及实践。

2009 年，华晓宁在《整合于景观的建筑设计》中，从形态学和环境层面提出了独到的见解，提出建筑及景观作为人类生活所在地是人工化和自然化要素的综合体，空间、结构、实体由此在相互界定中凸显，形成统一的建筑形态、城市、整合景观的设计架构，完成属于“大地的建筑”的创意设计观。

在各种环境设计理论专著涌现的同时，也出现了如《室内设计》《室内设计与装修》《中国建筑装饰装修》《装饰》等学术期刊。越来越多的专家和学者对我国城市环境艺术设计的理论、实践、文化渊源和艺术风格等提出了独特的见解。

城市环境艺术设计发展的三十年，无论在理论层面还是在实践层面都已经取得了一定的进步。依循着文化视角、人文视角、生态视角，城市环境艺术设计的研究领域和研究基础正在变得更加广博而坚实。然而我们也要看到，当前存在于城市环境艺术设计的主要问题是，在理论上，缺少将城市作为信息载体从传播学、符号学领域的观察，也缺少立足于城市的环境艺术设计的系统性研究；在实践中，过分注重设计主体本身的美学表现，而相对忽视与更大范围的生态空间的联系。这些都是当前城市环境艺术设计急需解决的时代性课题。

第二章
城市环境艺术设计的过程

在进行城市环境设计的时候，我们需要遵循一定的过程，本章将从城市环境设计的要素、城市环境设计的原则、城市环境设计的方法及方法论、城市环境设计的环节、城市环境设计的评价这五个方面来进行详细的阐述。

第一节 城市环境艺术设计的要素

人类的居住和活动区域是构成城市环境的主要部分。要塑造城市环境，需要考虑多种因素，包括区域土地利用、保护、产业规划、基础设施规划等方面。区域环境要实现区域经济、社会和环境的和谐发展，确保人民健康、促进资源和环境的可持续利用，提高居民区环境的质量。由此可见，城市环境设计的关键因素包括如下三个方面。

一、自然环境营造

研究人居环境时，自然环境包括对人类生存和进步有影响的所有自然因素，无论是天然的还是人工改造的。聚居发展的基础是整个自然环境。城市自然环境由四个主要方面构成，即绿化、水、空气和声音。

（一）城市绿化环境的营造

绿色植物被用来构建绿色空间，给城市居民提供室外休闲和室内观赏的场所，并且改善生态环境，构成绿化环境。绿化环境可以产生氧气、去除细菌灰尘、净化空气、平衡温湿度、减少噪声、遮风隔热、美化环境、营造季节景观、优化人们的心理状态等。为了提高居住区的生活环境质量，需要建造良好的绿化环境。规划绿化环境时，应遵守以下标准。

首先，合理分配植被资源。我国地域广阔，南北跨越五十多度的纬度。气候在华南、东北、东南沿海和青藏高原等地区差异明显，每个地区都有适合生长的树木，展现出不同的自然景观。在挑选绿化植物的品种时，需考虑它们是否适应当地的环境，以提高其存活率并避免不必要的资源浪费。另外，生态学角度认为，一个成熟且稳定的生态环境需具有多样性。生态系统中的多样性越高，越有助于稳定环境，对于外部破坏的抵抗力越大。要进行绿化设计，须考虑遮阳、通风、降噪等功能，选择合适的树种和绿化方式。要达到最佳效果，最好采用不同的树种。例如，在南侧种植落叶乔木以起到遮阳作用，在东、西侧进行垂直绿化以改善建筑物的热工效应。

其次，创建拥有多层次和立体化特征的绿化环境。人类天生的本能是向往大自然和户外生活。随着人们有更多的闲暇时间，保护自然环境愈加重要。除了要保护富饶的农业和园艺土地，还应该增加人们开展业余爱好的场所。

再次，规划城市绿化环境需要考虑建筑空间，扩大绿化面积，通过路边的绿化来连接公共绿地和宅区绿化，形成多层次的绿化系统。利用基地的自然地形，将山水与绿化相结合，在屋顶、阳台、墙面等空间进行绿化设计，实现了立体化的绿化系统。当今城市居住区包括三种住宅，即低层别墅、多层住宅和高层公寓单元。通过立体绿化，能够打造出更加舒适的环境，避免因为阳光和低层屋顶反射而导致的刺眼光线和高温不适，进行隔热和减少雨水渗透，同时扩大绿化面积、美化自然景观和改善居民户外生活环境，促进生态平衡。

最后，综合绿化环境的可达性和亲和性。绿地的可达性指的是在居民日常活动的路径上和自然路径上布置绿化景观，以便于居民出入。亲和性是指在居住区内平衡好绿化和公共设施的比例，让景观适度、布局开放，从而让居民真正接近绿地，欣赏美景。

（二）城市水环境的营造

水环境包括两方面，一方面是饮用水、生活用水等直接与人体接触的水；另一方面是景观用水或者用于调节微环境的用水在内的与人间接接触的水。居住区的生活环境质量与水环境的状况息息相关。

水环境面临的主要难题在于水质和水量。加强水体管理和维护，采取措施防止或消除二次污染是保障水质的关键。当设计师设计与人直接接触的水源时，可以考虑采用流动性较好的水，并搭配水生动植物来打造一个完整的生态系统以维持水质的平衡。同时要提高公众的环保意识，一起保护城市和整个地区的水环境系统，确保居住区的水源水质。

如何确保城市居民持续地获得清洁用水是当前亟须解决的问题。笔者认为有三种途径可以改善这一问题。

第一，减少用水。尽管水资源可持续利用，但由于全球环境的不断恶化和人类过度开采，导致可供人们饮用的水资源稀缺、濒临枯竭。我们应该养成节约用水的好习惯，这样可以降低对自然资源的消耗，减少废水处理的开支，实现双重效益。

第二，采取三项措施，即收集再利用雨水、有效利用中水以及实施可持续的污水处理，以达到循环使用水资源的目的。利用雨水收集设施，通过建筑设计和过滤处理，将雨水储存，可以用于生活服务或居住区景观水源的供应。20 世纪 90 年代，我国就已提出这一方案。人们日常生活所产生的废水称为“中水”，对日常生活废水进行收集和简单处理，然后再用于冲厕所、清洗街道和灌溉等用途。目前常用的污水处理方法有生物废水处理法、农业废水处理法和地下水处理法等。这些废水处理技术通过模拟自然循环再生的模式进行处理，少量使用化学药剂和能源，然而相比于其生产的植物、食物和清洁的水，较为环保。

第三，加强绿化规划并选用高渗透性的路面材料，促进地表水自然循环。在城市居民区内，绿化能够最有效、最生态化地实现水资源的保护。通过增加居住区的绿化面积并采用透水性地面覆盖材料，可以促进地表水的循环。

（三）城市空气环境的营造

人们的身体健康和生活环境的质量受到城市环境中的空气质量和内部小气候的影响。城市气候是指在不同的纬度、地理位置和地形地貌的基础上，由人类活动，特别是城市化所带来的一种独特的气候现象。这是由于人类活动造成的城市下垫面和大气气质的改变，导致一系列不良反应，如空气污染、反射增加、环境辐射加剧等而产生的。

城市居住区的环境质量与城市环境息息相关，城市环境的质量对居住区的环境质量产生重要影响。因而，城市气候不利的特征会对居住区的居住环境产生负面影响。虽然针对城市居住区的空气质量，有一些改善措施可供选择，但它们的效果并不显著。因此，要改善城市居住区的人居环境质量，首要任务是提升城市人居环境的品质。

首先，运用地形和地貌改善城市的气候状况。地形和地貌等因素与小气候的形成关系密切。考察地形和地貌特征，规划合理的建筑和绿化方案，改善局部气候，提高人居环境质量。如可选用面向太阳的山坡进行建筑规划，可获得充足的日照和自然通风效果。

其次，将水面和绿地结合起来，起到降温、加湿、净化作用。绿地可以改善城市的温度和湿度，改善效果与绿地面积、树木高度和树冠大小等因素相关，尤其需要增加大片绿地。采用水池、喷泉、湖泊等水体景观，能够减少环境热能，调节空气的温度和湿度、净化空气。在夏季，尽管区域被热空气覆盖，冷空气会在树荫和水面上产生持续上升，造成上下对流，使温度降低，增加空气中的湿度。

最后，采用科学的布局，优化自然通风。在设计建筑布局时，需要考虑诸多因素，包括建筑的朝向、间距和布局形式的选择及塑造室外环境等。要优化城市环境，需要全面研究当地的地理和气候情况，并充分利用有利条件，控制和改善其不利因素。若规划不完善，外部空间划分不合理，可能会影响区域的通风情况。因此，在规划时，应优先考虑地形和环境条件，以避免空气滞留或风速过快。通过规划城市中的道路、绿地、水面、天桥和高架层等空间，调节夏季气流的流向。

（四）城市声环境的营造

声音可以被分为乐声和噪声。乐声使人感到愉悦，噪声会引起烦躁不安的情绪。各种杂乱、杂音和不协调的声音都是噪声，对人体危害重大。

城市中的商店、菜市场、学校、幼儿园，以及其他服务设施和交通工具是城市噪声的重要源头。为了减轻城市居住区的噪声污染，我国规定了居住区内各种噪声的容忍等级。

除了采用规划设计的方法防治城市噪声，还可以采用以下两种方法。

第一，是绿化防噪。绿化能够减弱噪声，原因在于树叶和树皮能够吸收声波，而且地面反射的声波会再次被树木吸收。防噪绿化设计能与美化观赏等因素结合，点式和带状式的绿化手法相结合，混合种植多种树木，形成高低错落、密度多样的防噪绿化系统。

第二，设计布局防噪。城市的建筑布局与噪声扩散之间关系密切。我国采用的平面布局方式主要分为三种，分别是垂直布局、平行布局和混合布局。噪声污染最少的方式是混合式，然后是平行式。换言之，混合式布局方式的噪声污染更小。因此，在主干道沿线的建筑物应当减少开口或采用错位设计降低实际通风面积。除此之外，在主要道路沿线设立绿化带。如果在街边区域，可以考虑建造商业、办公或服务类公共建筑，并在那里设置广场和其他人群聚集的场所，通过实施集中设置公共设施改善居住区的噪声状况。

二、生活环境营造

人工建筑构成城市居住环境的核心，包括住宅建筑、户外场所和景观等方面，这些构成为城市居民提供了生活环境。城市的生活环境就是居住环境，主要包括室内空间环境和室外空间环境两方面。

三、道路交通环境营造

根据人类居住环境科学系统的规定，城市中的道路交通是支撑环境的组成部分，为人们活动提供支持和服务，对城市环境中人们的出行、安全和生活环境的保障产生一定影响。基于交通现象，道路交通系统可分为动态交通系统和静态交通系统。动态交通系统包括机动车辆、非机动车辆和人的交通组织方式，静态交通系统则是指车辆存放的管理。

（一）动态交通环境

1. 机动车辆的交通组织方式

机动车辆的交通组织方式是动态交通系统的重要支柱。其组织需充分考虑不同车型的通行需求，比如大型货车需有专用货运通道，避免与小型客车、公交车等在同一车道混行造成拥堵。同时，要根据城市的交通流量分布，合理规划机动车道的数量和宽度。在高峰时段，可通过设置潮汐车道来调节车流量，提高道路利用率。对于城市主干道，应保障机动车辆的快速通行，减少交叉路口的延误；而在商业区、学校周边等区域，则需适当限制机动车的行驶速度，设置减速带、交通信号灯等设施，确保行人与非机动车的安全。此外，机动车辆的停放也会影响其交通组织，应在道路沿线合理设置停车场或停车位，避免车辆随意停放占用车道，阻碍交通流畅性。

2. 非机动车辆的交通组织方式

非机动车辆的交通组织方式近年来受到越来越多的重视。随着绿色出行理念的普及，自行车、电动自行车等非机动车的使用量大幅增加。在规划中，需为非机动车辆设置独立的骑行通道，与机动车道物理隔离，如采用护栏分隔，保障骑行安全。非机动车道的宽度应根据人流量和车流量确定，一般不宜过窄，同时要保证路面平整、通畅，避免出现障碍物影响通行。在交叉路口，应设置非机动车专用信号灯和等待区，减少与机动车的冲突。对于一些坡度较大的路段，可考虑设置助力设施或优化道路坡度，方便非机动车通行。此外，还应在商业区、地铁站等人员密集区域设置非机动车停放点，规范停放秩序，避免乱停乱放影响交通和市容。

3. 人的交通组织方式

人的交通组织方式是动态交通系统的基础，直接关系到居民的出行安全与便捷。在人行道规划上，要保证宽度充足，满足行人的通行需求，特别是在人流量大的商业街、景区等区域。人行道的铺装应平整、防滑，设置盲道等无障碍设施，方便老年人、残疾人等特殊群体出行。同时，要合理设置人行横道和过街天桥、地下通道等过街设施，缩短行人的过街距离，减少过马路的风险。在学校、医院、居民区等区域，应适当增加人行横道的密度，并设置醒目的标识。此外，人的交通组织还需考虑行人的行走习惯和心理需求，比如在道路两侧设置绿化带、座椅等，提升行人的出行体验，鼓励人们选择步行这种绿色出行方式。

机动车辆、非机动车辆和人的交通组织方式之间需要协同配合，才能实现动态交通系统的高效运转。例如，在道路规划中，要协调好机动车道、非机动车道和人行道的空间分配，避免出现某一类交通方式的空间被过度挤压的情况。在交通信号设置上，要兼顾三者的通行需求，合理分配通行时间。通过科学合理的组织，使机动车辆、非机动车辆和行人能够各得其所，共同营造安全、有序、高效的动态交通环境，为城市居民的出行提供可靠保障，促进城市交通的可持续发展。

（二）静态交通环境

1. 静态交通组织

道路和停车场是相辅相成的，应该在建设时综合考虑。城市的停车库旨在提供方便的停车条件，维护和增强城市的功能，促进交通畅通。

静态交通问题的主要根源在于以下四点原因。一是车辆数量快速增长，交通基础设施尤其是静态交通设施的建设未能跟上交通发展的步伐；二是规划未能足够重视其重要性；三是缺乏可靠的财务资助来源；四是大型公共建筑和企业未按规定配备停车设施，或者改变已有停车场的使用方式，导致社会停车问题加剧。

2. 静态交通设计

保证良好的静态交通环境，必须进行科学的交通工具结构预测分析，并采用合理的静态交通管理方法。静态交通组织方式具有集中停车库、路外停车场及路边停车三种。在规划静态交通环境时，必须进行科学、合理的预测，并根据居民区的规划来确定最佳的布局方案。停车场最好距离停车目的地较近。机动车不超过 500 米，自行车不超过 200 米。应该在昼夜都通行良好的地方进行设置，既方便行人又方便车辆通行。考虑车场与道路之间的连接、停车场的特定情况和进出方便、交通畅通，需采取合适的停车和发车方式。考虑国内情况，综合评估城市静态交通组织形式，以停车库为主，结合区域内的组团绿地进行规划设计，将公共建筑物的广场、道路和其他下沉式空间改造成路外停车场。在设计人车共享空间时，适当增加路上停车，或在交通流量较小的路段局部开辟停车区域。

3. 静态交通的设计原则

城市规划设计的重要任务之一，是充分考虑静态交通因素并采取措施，以确保静态交通在整个交通环境中扮演重要角色。

（1）停车位数量从多原则

私家车普及化是必然趋势。从社会经济学的角度来看，建筑规划设计人员不得不认同这一情况。现今，在经济繁荣的沿海地区和中心城市，汽车进入家庭成为客观事实。汽车进入家庭的速度随经济发展会更快。居住区建筑的使用时间达五十年以上，因此建筑师和城市规划设计师需要采用一种将居住与出行结合、车位与住宅融合的理念，充分考虑未来家庭汽车需求的增加，以保证停车位数量的充足。

（2）停车位集中设置原则

一般情况下，居住区内的停车位可以采用分散或集中方式进行布置。分散式停车是把停车位分散在居住区内的各个建筑物内或周边区域，这种方式可以方便居民出行，但不利于土地利用和机动车管理维护。此种停车方式也能利用有限的土地资源，与我国的国情相适应，大多数居住区均可考虑此方式。集中停放的不足之处在于停车场所离目的地较远，在规划停车场时，应该谨慎考虑其服务范围，通常不应超过 500 米。

（3）道路系统人车分流原则

停车位置应多加考虑，采取集中式停车方式和人车分流（尤其需采用部分分流系统）的道路系统。近年来，随着汽车数量的上升，城市空气污染、噪声干扰和环境景观退化等问题逐渐凸显。同时，如何妥善地进行车辆停放也成为一大难题。在我国，常见的汽车停放方式有地面停车、地下停车和住宅底层停车三种。地面停车方式造价低廉，但占用地面空间，会造成环境污染和景观破坏。地下停车场可以美化景观环境，但造价高昂。

因此，笔者认为，居住区内的停车问题不能简化处理，但设计师可以结合停车、道路、景观和绿化，创造一个经济实用、与环境共生的停车区。

第二节 城市环境艺术设计的原则

城市环境艺术设计的主要目的是营造一个符合人体和心理需求的高品质居住空间，这个空间应该依据自然规律，在建筑和设施结构、人们的行为习惯以及自然环境的利用方面都要加以考虑。要符合社会进步方向，保护文化遗产，强调人类对于心灵与文化需求的关注。

人类积极地利用科技发展，提高了对自然资源的利用效率，造就了极其繁荣的物质财富，进而提高了人们的生活水平。这是科技进步带来的积极成果。毫无疑问，随着人类的不断发展，对自然资源的滥用在一定程度上导致了整个生态系统的失衡和破坏。广泛认可的理念是要保护自然界、尊重其权益、合理开发和利用自然资源，实现人与自然之间的和谐共处。环境艺术设计的基本前提是创造一个共生的环境体系，使人与环境的互动更加良性，并且持续地进行这种有意识的改进。为了配合现代化的需求，并追求时代的潮流，城市环境艺术设计侧重于人性化的设计理念，同时强调满足人们的需求。

一、人本性原则

环境中的因素围绕着人展开。传统的设计者过于关注环境实体的创造，忽视了人的存在，缺乏以人为中心的思维。“以人为本”意味着关注人类自身的需求，设计出符合人类生存模式的环境，同时也意味着考虑人与环境的相互依存关系，而不是只关注人类的本身。以人类为中心的思想意味着正确地理解人类的生存规律以及在环境中的角色。现代人已经开始重视精神层面的丰富，他们追求更加充实的生活，并认为环境艺术设计应该满足人们的心理需求而非只满足物质需求。因此，艺术设计应该从关注建筑物本身转向关注人，从单向思考环境转向全方位思考人与环境之间的共生关系。环境艺术设计的主旨在于构建舒适适宜的环境，为人们提供服务。

因此，在设计过程中，设计师必须把人们的物质和心理需求置于核心位置。现代的环境艺术设计需要考虑人类的心理和生理需求，同时还需要处理人与环境、人际交往等关系。因此，在提供服务的同时，还必须兼顾使用功能、经济成本、美观舒适的要求以及创造良好的环境氛围。现代环境艺术设计是一门涉及众多领域、范围广泛、复杂多样的工程学科，其设计理念始终盘旋于服务人们以及他们的活动的核心之上。因此，在制订设计方案时，必须考虑各种不同的用户和受众，以便满足各种设计需求。

二、地方性原则

通过城市环境艺术，我们可以从宏观的角度了解当时当地的物质和精神生活状态，同时描绘出独特的历史背景。在城市环境艺术设计中，我们应当更加有意识地凸显当地特色，积极思考如何适应不同地域的气候和生活方式，并且深度挖掘当地特有的价值观和审美标准。同时，我们需采用现代化的高端技术来实现这些目标。

在历史长河中，人类社会的不断发展，不管是在技术方面还是文化方面，都显著地表现出了持续不断的趋势。在社会进程中，合乎时代需求和储存历史文化是相辅相成的目标。在城市环境艺术设计领域，我们使用不同的设计策略以满足生活居住、旅游休闲、文化娱乐等不同类型的环境需求。这些设计方案都充满了独特的文化特征和地域特点，并融合了历史文化的传承和现代发展的要求。这段文字所提及的历史背景不仅是表面上的符号与标志，而且需深刻思考空间布局和组织特性等诸多因素。此外，还需要涉及设计哲学、创意思维和观点等更为抽象的层面。

三、生态性原则

人类利用自然资源是为了提高生存条件，但若过度和不合理地开发和使用，就会对自然环境造成损害。大量环境资源是无法再生的，一些曾经草木葱茏的土地，由于水土流失的加剧而变成了不毛之地。因此，我们应该从中吸取深刻教训。在环境设计时，我们需要考虑长期影响，保持生态平衡，并且着重考虑可持续发展的前景。

在当今艺术设计和创作中，设计师应该重视可持续发展的理念。因此，他们应该采用节能、节约空间、利用绿色无污染材料以及保持人与环境相协调的理念，而不是只关注眼前的利益。对于环境艺术设计者而言，他们需要持一种全局、注重动态变化的发展观，即不仅要关注行业发展的演变和更新，而且要高度重视可持续性，包括能源、土地、生态等多维度的可持续性。“绿色设计”是实现“可持续发展”目标的具体方法，它在前者的基础上做出了更具体的行动方案。该方法强调将理念付诸实践，是“可持续发展”实现的下一步关键。

我们不能只口头上说“绿色设计”和“可持续发展”，而是需要付诸实际行动。在环境艺术建设中，遵循可持续原则就是要保护自然生态，避免过度砍伐森林，尽可能地保留建筑地点的原始状态，并采用可再生、可循环、低污染的建筑材料。我们必须谨慎对待环境的开发和利用，以确保子孙后代能够继续生活在这片土地上。

四、科学性与艺术性的融合

在城市环境艺术设计中，还有一个重要原则是注重科学性、艺术性，以及两者之间的紧密融合。环境艺术的进步与新风格的崛起息息相关，这种新风格的诞生是随着生产力的不断发展而不断涌现的。随着社会和科技的不断进步，人们对环境中所呈现的艺术设计表现形式和审美取向也变得更加多样化。因此，现代的环境艺术设计应该充分利用当代科学技术的新材料、新工艺及相应的设备设施，从而打造出更加舒适的声、光、热环境。

在现代环境艺术中，需要更加注重设计方法和表现方法等方面，以确保其科学性。此外，还需要进一步确立设计观念。现如今，设计师采用了科学化的工作方法，他们会审慎评估环境艺术的利弊，并应用电子计算机技术进行分析和设计辅助。通过电脑辅助设计技术，我们可以精准地研究和呈现物体之间的空间关系，从而逼真地展现了环境艺术设计的视觉效果，呈现出了非常详细的效果。不可否认的是，既需要高度重视科学性，又需要对艺术性充分予以关注和重视。环境艺术设计师不仅要使用物质技术方法，还要运用美术学和艺术设计学的原理，以打造充满文化内涵的美丽艺术空间，具有生动表现力和感染力的形象。在现代社会这个高科技、快速节奏的时代中，人们可以从中找到心理和精神的宁静和平衡。在现代环境艺术中，融合高科技与深层情感是一个至关重要的议题。

在实际的工程设计过程中，常常会面临各种具有不同类型和功能特征的环境挑战。在进行优化设计时，往往需要考虑环境因素的科学性和艺术性处理，尽管在这个过程中可能会有着偏重于某一方面的倾向，但总体而言，也需要考虑整体宏观观念的综合因素。科学与艺术是相互融合的，二者并不对立，而是紧密相连的，很多例子都证明了这一点。卢森堡市街头景观小品的设计不仅注重艺术性，而且充分考虑整体环境，设计科学合理，让人眼前一亮。

即使在科技方面有了一定的发展，人类仍然不具备完全掌控自然和模拟自然创造的能力。只有尊重并和谐共处于自然环境中，才能真正体现对自然和人类的尊重。除了保护自然环境之外，我们还应该重视保护历史遗产，尊重它们的独特性和价值。

第三节　城市环境艺术设计的方法及方法论

一、以“再生”为代表的设计方法

“再生”设计指的是重新生成场所空间环境，以尊重环境历史变迁过程、土地利用所带来的价值和人们对场所记忆的认同。它表达了现代人类追求共同理解的人文精神，不要求必须有共同经历。通过再生设计，展现了对当地文化传统的传承与致敬。早在古代，就已经存在对材料进行再生利用的行为。14 世纪，金字塔的大石块被古埃及人拆卸并运往开罗，用于建造城市。一些古罗马建筑被拆除后，建材也被用于梵蒂冈的建筑工程中。[①] 随着城市化进程的不断加快，传统城区改造往往采用广泛的土地开发方式，这种方式无意地拆除了大量历史建筑。这种结果导致城市面貌不断变化，文化多样性消失，街区逐渐失去历史痕迹，变得缺乏文化特色，混乱无序。此开发方式还导致了许多资源的不必要消耗。20 世纪 60 年代，约翰·哈布瑞根（John Habraken）教授提出了“支撑体”理论，对居住区、街区和城市进行分类，分为两个主要组成部分分别是骨架和填充。据此理论，城市的形态由两个关键要素构成：骨架和填充。城市的基本组成部分是骨架，而填充则是对骨架的补充。骨架主要承担着支撑的任务，它具备结构化、预先设计、稳定和标准化等特点。填充部分具有可分离特性，可以根据需求进行个性化定制、添加、选择和改变。这样做没有改变原来的意思。[②] 尽管“支撑体”理论最初是为住宅设计的策略考虑的，但其同样适用于城市环境再生策略。它具有创造城市居住环境美感的艺术性。

① 比尔·劳森：《建筑材料、能源与环境：朝向生态可持续发展》，张明顺译，中国环境科学出版社 2000 年版，第 81 页。

② 杨伲，赵辰：《工业建筑空间再生法初探》，《新建筑》2012 年第 2 期，第 11 页。

在全球可持续发展理念愈加普及的20世纪90年代，城市再生理论应运而生。此时经济低迷，需要有方法来重新振兴城市，使其在国家或地区的经济发展中扮演重要角色。城市再生理论的焦点包括城市物质环境改善以及如何让社会做出积极响应。在城市的生态系统中，有很多元素可以通过可持续的替代方式进行物质交换。城市社会生活质量的提升与城市经济的发展及房地产开发息息相关。通过优化城市土地的利用方式，可以避免不必要的城市扩张。在制定城市政策时，应该尊重社会习俗并确保政策与社会习俗相符。在积极促进城市的发展的同时，注意保障城市的可持续性。①

在1996年国际建筑协会第19次大会上，提出了城市中定义不清的地区的再生保护概念，这些地区被称为“模糊地带”。这个概念的目的是保护在城市更新过程中被忽视的历史遗产，如工业遗产、铁路、码头等。这些空间记录着几代人为城市文明的发展付出智慧和汗水的共同经历。通过及时保护管理这些历史遗产，可以彰显对城市文明的尊崇，并作为城市整体文化的有机活体部分，体现出城市发展中的延续性。城市是一个完整的文化场所，它记录着现代人类文明发展的历史集体记忆。因此，重新规划这些区域可以引导现代城市设计，注重整体性城市记忆，保持城市空间联系和活力场所结构，从而有效避免城市物质环境的同质化趋势。② 随着城市工业外迁的推进，我们已经制定了一套有效的策略，以便处理设施场地、恢复场地生态，以及再利用这些空间。

新城市主义的环境再生设计强调了综合系统分析方法，要综合考虑能源、节能、材料、水源、通风、社区花园等因素之间的关联，而不只是针对单一设计要素进行分析。这种设计方法于20世纪90年代后期兴起。城市空间的建设必须与自然环境相融合，建成环境应与自然环境构成一个紧密的整体。绿色基础设施包括河谷、湿地、森林等自然地理要素。此外，绿色基础设施还包括绿道网络、绿带走廊、标志性绿地、节点和绿廊之间的互动、自然景观和城市景观之间的过渡区、水体集水区，以及参与公众设计等元素。这些绿色基础设施被认为是环境再生设施的重要组成部分。水体是城市的一种重要资源，有助于提升城市的生命力，因此也应该将其纳入环境再生的讨论范畴。在城市中增加植被覆盖率不仅可以改善空气质量，而且能够帮助减少碳排放，这是因为植被能够吸收二氧化碳等。利用渗透、储存中水和引入绿色

① 阳建强编著：《西欧城市更新》，东南大学出版社2012年版，第53页。
② 王建国主编：《城市设计》，东南大学出版社2004年版，第118页。

屋顶技术，对城市的硬质地表径流进行治理。这些举措不仅有益于保护当地生态系统的多样性，而且是城市中不可或缺的有机组成部分，对城市的形态和特征有着深远的影响。市民可以通过这种方式获得更多的娱乐，享受更健康的生活环境。另外，为了实现城市可持续发展，需要采用综合方式，将自然生态环境与城市结合起来，以促进城市的再生。绿色基础设施的特色环境空间结构，是与河谷、高原、森林栖息地以及城市绿地系统密切相关的，同时也与区域的辨识度紧密相连。[①] 建造绿色基础设施有很多好处，不仅可以重复利用废弃土地，还可以利用再生设计技术，使技术、艺术和生态效果相互融合，成为解决场地环境生态恢复难题的重要方法。

二、以“更新”为代表的设计方法

“升级”设计是指根据城市不同区域的发展需求，对建筑、空间、环境等进行必要的改良和优化，以更好地满足城市居民的需求。同时，采取保护措施并保持现有的环境结构等，以改善城市的环境质量。[②]20 世纪 50 年代，发达的西方工业国家进入了城市更新的时期。城市更新旨在解决城市中心区房屋老化、基础设施失修、环境恶化及城市郊区化等问题。通过改造旧有建筑、振兴旧区环境、恢复城市中心区的经济，来实现城市更新的目的。这一改革措施的初衷是推动城市经济的繁荣。在二战后的欧洲经济复苏时期，城市人口迅速增长。许多农村居民涌入城市，寻求发展机会。城市的居住和交通负荷过重，导致城市扩张不受限制。20 世纪 60 年代末，欧洲的人口迁徙现象逐渐趋于结束。20 世纪 70 年代，城市扩张带来的“郊区化”和“逆城市化”现象引起了广泛关注。这种趋势主要表现为城市中心的人口大量外流，而周边中小城镇的发展却异常迅速。尽管郊区居住环境更安静、舒适，但也带来了一系列问题，如需漫长的通勤时间、交通拥堵、能源消耗增加、环境污染严重、土地大量占用等。除此之外，在低密度地区，公共交通不够发达也是一个需要解决的问题。除此之外，城市的过度向郊区扩展还会导致城市中心失去活力。为了振兴城市中心，许多欧洲城市采取了措施，如重新规划步行系统和公共交通，以提高城市中心的活力。在 20 世纪 80 年代末到 20 世纪 90 年代初，一些欧洲城市开始经历再次城市化的浪潮。城市再生是一个复杂的过程，

① [加] 迈克尔·哈夫：《城市与自然过程》，刘海龙等译，中国建筑工业出版社 2012 年版，第 244–246 页。

② 阳建强编著：《西欧城市更新》，东南大学出版社 2012 年版，第 95 页。

受经济、社会和人口增长等因素的影响。在大城市中，运用选择性再生技术，能够显著提高城市环境和居民生活水平。要让城市再生取得成功，需要对城市经济进行重新策划，推进市中心高端消费服务业的发展，同时吸引大批高收入群体在市中心定居。这也有可能导致城市中心地区不再适合低收入居民和低附加值经济活动。①

20 世纪 80 年代初以来，中国一直在珠三角地区等沿海城市推广改革开放政策。区域优惠政策因改革开放而引入，使外资得以受益并进一步促进了外资企业和相关民营企业的发展迅速。这对整个地区的经济活跃程度产生了积极影响。随着经济的蓬勃发展，许多内陆不发达地区的居民纷纷加入经济建设中来。由于城市人口不断增长，现有城市的容纳能力已经无法满足经济发展的要求。沿海城市中最先实行改革开放政策的地区，首先开始了城市更新的进程。最初的城市更新方案主要采取扩张为主的策略，即通过新开发大量城市来促进城市的发展。然而，这种做法却导致内城的活力逐渐减弱。同时，城市内部结构的破坏在一定程度上导致内城失去了原有的凝聚力，逐渐变得分散无聚合力。城市更新的扩张趋势受到了限制，因为新城建设需要投入大量的资金、人力和物力等资源。在新城建设过程中，城市配套设施被经常被忽略，而且也没考虑到城市人文聚集和向心力效应，这样就导致在新城建成后随着时间的推移，热闹的氛围很快就被取代。随着时间的推移，旧城的城市基础设施逐渐得到完善，凸显了旧城地理位置独特优势的价值。近年来，城市更新更加重视旧城区改造，但仍有一些项目采用推倒重建的方式，导致城市持续进行拆迁工作，同时也使得历史遗产的价值与文化氛围不断减弱。城市更新会带来多重影响，其中包括重新规划利用城市土地、升级改善道路结构、推进住宅建设、提高城市绿化水平、解决旧城和新城发展之间的多个问题。

现代生态学认为，在一定的空间范围内，生物和环境之间相互作用，物质不断交换，能量不断传递，形成复杂的自然生态系统。在其运动变化过程中，系统经历不同阶段的发生、发展和变化，从而展现出特定的演化规律。这种演化过程是由演替所驱动的。生态系统通过不断转化正负反馈作用来自我调节，以减轻压力并保持整体稳定性。动植物通过逐步进化，发展出了一种自我修复和更新的能力，以适应自然环境的气候、土壤和植被等条件。生物为了存活和繁衍需要从外部环境中获取营养和物质，而环境则需要保持能

① 阳建强编著：《西欧城市更新》，东南大学出版社 2012 年版，第 17 页。

量循环和自我调节来维持供需平衡而不被破坏。[①]

城市和自然环境都是由众多空间结构逐渐形成的生态系统。从现代以来，传统城市结构和城市形态的演变并非整体性完成，而是受城市功能变化的影响，城市的形态只能在不同利益诉求的影响下展现出各种外貌多样的组合形式。曾经，现代功能主义被称为“城市设计的英雄思想”，旨在将城市功能变得简单化、标准化，类似于一种生产制造过程。但是，随着人类对于生活方式和文化多样性需要的不断增长，单一的计划操作逐渐无法满足这些需求。经过观察，我们意识到土地分区和容积率制度并不能完全满足城市环境对文化品质的需求。相反，这些规定往往会导致城市规模的不断膨胀，同时也削弱了市民对城市的认同感。在这个过程中，城市的人性化、地方感和自我认同等文化元素逐渐失去了重要性。虽然这并不完全是功能主义思想的过错，但它所倡导的过度追求文化却带来了一定的负面影响。从设计的角度来看，城市环境品质的建立是城市功能和文化表达的共同目标。当城市的功能与文化发生冲突时，我们通常需要从设计的根源去寻求解决方案。因此，城市中心功能的扩散可以通过模糊化城市区位边界来实现城市边缘化结构的改善。这样做可以缓解市中心的交通拥堵，同时也能够促进产业向外扩散和人口的分散流动。相较于城市中心地区，城乡接合部作为城市体系的边缘区域，拥有更具竞争力的地租价格，并且可以更灵活地利用土地。边缘地带具备交通便利条件，因此可作为建设规模宏大且专门从事货物运输处理和分配的节点。然而，这种做法可能会导致对公共设施和城市基础设施进行重复投资，给未来区域自然环境的发展带来不利影响。[②]

荆其敏教授在《城市空间与建筑立面》一书中强调了三个方面的重要性。这三个方面是理解城市风貌和建筑风格文化特性的关键。第一，建筑设计需要考虑时间这个维度，除了长度、宽度和高度之外还要重视文化内涵。这就是我们所提及的第五度空间。另外，社会学所包含的空间观念也能为城市和建筑的设计提供灵感，呈现它们所代表的文化特征。第二，我们需认识到城市空间的本质远不止于外观形态，更关键的是城市所包含的文化现象。因此我们不应该将视觉形象作为文化的一种表面呈现方式。[③] 第三，从 20 世纪 90

① 成玉宁：《现代景观设计理论与方法》，东南大学出版社 2010 年版，第 63-64 页。

② 阳建强编著：《西欧城市更新》，东南大学出版社 2012 年版，第 16-17 页。

③ 荆其敏，张丽安编著：《城市空间与建筑立面》，华中科技大学出版社 2011 年版，第 10 页。

年代开始，北京的旧城区开始经历城市有机更新的阶段。然则，城市更新所带来的问题也与房地产市场的繁荣有着密切关系。近年来，许多商业地产项目以翻新老旧房屋的名义进入旧城区，导致这些历史文化环境遭受了一定的损害。在应对城市更新带来的不良影响时，吴良镛先生提出了有机更新的思想，主张综合保护、分步实施、审慎更新，并注重小规模的灵活性发展。这些理念在他的带领下被成功地应用于菊儿胡同住房改造工程。[①]

三、定量的设计方法论

根据尤尔根·哈贝马斯（Jurgen Habermas）的观点，现代建筑运动以先锋主义和功能主义为中心，因其赢得了时代的认可，鼓励了各式各样的风格和对于日常生活的超越。不过，这股运动没有完全领悟到现实生活世界的复杂和多变，以及各系统之间相互影响的重要性对现代社会的巨大影响。因此，在 20 世纪 50 年代后，现代建筑运动面临危机。实际上，现代城市更加复杂，涉及经济、交通、工业以及整个社会各个方面。当前的城市设计和建筑规划已经超越了单纯的设计行为，它们更是一种管控和调控城市各个“系统功能”的方法。因此，可以表述为现代主义建筑所遭遇的困境不是自身固有的问题，而是由于其过分追求完美所致，使其承担了过多的责任。例如，包豪斯的创始人格罗皮乌斯在 1949 年希望现代建筑学能够发展出一种通用设计，涵盖从家具到建筑等方方面面，以实现环境的统一。[②]

近年来，随着现代科学技术的不断发展，系统定量设计方法论也在不断进步。这种进步包括推动系统设计方法的量化化，以及针对各个系统部件之间的相互作用，构建具备完善数学理论和科学方法的体系。当我们将系统思维和定量方法应用到实践中时，计算机的使用变得十分必要，因为其能够提供高效性和可靠性，从而成为研究的重要计算工具。随着 20 世纪 50 年代计算机技术的飞速发展和定量设计活动越来越复杂，人们对设计方法的标准也变得更加严苛。在现代设计中，必须结合定量研究，以应对各种复杂系统问题。此外，设计方法还需要用非数值性的方式来说明现象。如果想要对材料进行数量化的研究，就需要使用更加精细的测试来精确地测定其物理、化学和结

---

① 吴良镛：《“菊儿胡同”试验后的新探索——为〈当代北京旧城更新：调查·研究·探索〉一书所作序》，《华中建筑》2000 年第 3 期，第 184 页。

② [法] 福柯、[德] 哈贝马斯、[法] 布尔迪厄：《激进的美学锋芒》，周宪译，中国人民大学出版社 2003 年版，第 39-40 页。

构等方面的特性。另外，通过将数量化的设计思路应用于实际问题，定量设计能够有效地解决许多可持续发展问题，这些问题通常是由时间的累积所引起的。随着定量设计的发展，核心思维从数量计算转向质量表述，并且逐渐演变为与实践性、设计科学密不可分的整体思考方式。这种演变使定量设计方法学成为一门独立的学科。现代定量设计方法论的核心是将时间视作控制空间变化的设计方法。一般系统论主张系统必须是开放的，因此，在设计系统时必须密切关注其周边环境的物质和能量交流，将生命的有序和目的性与自然环境的大系统结构的稳定性相互融合。这为设计目标的持续发展提供了科学根据和实践支持，同时能够有效地管理能量和物质的转换过程。本质上，这仍然是针对定量设计方法学的实际应用。①

随着后工业时代的兴起，城市设计开始逐渐摒弃传统工业城市的建筑风格，这种变化导致了许多城市被拆除。从 20 世纪 90 年代开始，中国开始采纳西方景观设计理念，这使得景观设计与城市居住环境的艺术设计方法可以相互应用。主要的转变是对城市居住环境的艺术设计语言进行了改进，特别注重展示室外环境艺术的时效性。室外环境艺术以环境要素间的相互作用和动态变化关系来呈现时间感，这也是景观定量设计方法中的重要原则之一。因此，美学设计量化方法主要聚焦于城市居住环境的户外环境，以创造适合行人共享的空间。这意味着，设计师需要精确计算行走空间的容量，以实现最佳设计效果并确保资源和成本的有效利用。此外，为了确保行走的安全性，设计师还需要控制共享空间的开放性和空间的开敞程度。

景观定量设计方法论是基于 SAD 方法的调查、分析和设计，进一步发展而来的。这种方法强调通过实证调查和研究设计为景观设计决策提供支持。自然景观园林学派始于 18 世纪英国，已经成为西方景观设计教育中重要的正统方法。这种方法可以分为三个步骤：第一步是调查，第二步是分析，第三步是设计，从而确保景观设计与周围的环境和谐相融。即使在当今，大多数西方景观设计教育仍然以这种方法作为基石。② 伊恩·麦格哈格（Ian McHarg）在他的著作《与自然共存之道》中，提出了一种被称作“千层饼模式”的理论，该理论被广泛应用于景观设计领域，并成为生态理念的基本模

① 上海交通大学编著：《智慧的钥匙：钱学森论系统科学》，上海交通大学出版社 2005 年版，第 155–156 页。

② 唐军：《追问百年：西方景观建筑学的价值批判》，东南大学出版社 2004 年版，第 165 页。

式。从操作实用角度来看，“模式”比“方法”更具专业性。然而，要实现垂直生态过程管理，需要利用资源本身的特性。不同的是，水平生态过程涵盖在景观单元之间的相互作用和流通，如物种移动对环境的影响，以及灾害的传播等内容。因为这些过程的空间动态变化极其复杂，所以无法使用“层次结构”模式来表示。[①] 在 1995 年，景观生态学的创始人理查德 · 福尔曼（Richard Forman）提出了“斑块、廊道和基质”的理论，这一理论在景观设计界广受推崇。这个通用模型是以景观生态学为基础的，能够表述各种景观类型的结构，包括但不限于荒漠、森林、农田、草原、城市边缘和城市内部等。[②] 描述景观的基本科学语言被认为是以点、线、面为基础的模式。“这里所谓的‘点’指的是‘基底’，即各种节点景观和绿色植物。”所谓“线”，是指被称为“廊道”的道路系统。面指的是一种区域或区块，可以包括绿地、水体等。因此，景观的定量设计涉及六个过程模型，其中展示模型的主要重点是评估景观结构和秩序。过程模型是一种用于研究景观功能的技术，用于对现状景观进行评价。在思考问题时，必须使用模型对所有解决方案进行评估，以便选择最符合设计目标的方案。[③] 因此，景观量化设计的核心目的是通过整体艺术创作，实现视觉效果的和谐有机统一，而非只布置景观元素。在设计过程中，对时间的操控是为了掌控空间的定量化。[④]

现代数据景观设计方法正在努力找到一种平衡点，以协调文化快速发展和自然响应缓慢的矛盾，同时又不改变原文的意思。这种方法的目的是消除传统的西方图绘式景观设计和自然之间的相互排斥，但需要注意的是，在将文化和自然统一起来的过程中，不能仅仅依赖机械化的加速和减速来实现。数字城是由荷兰设计团队 MVRDV 开发的，其设计理念是以数据为推理逻辑进行形式塑造的优秀范例（见图 2–1）。这个设计的目标是适应居住在面积为 400 千米 ×400 千米的地理范围内的 1600 万欧洲人的数据需求，以及成为一种未来的解决方案，以确保人们可以维持当前的生活水平。这一设计利用可视化手段，将森林中的碳汇和家畜饲养的概念融入超高层建筑的设计中。尽管这种设计方式更倾向于早期现代主义的“形式随功能”，强调极端定量化的

① 俞孔坚：《景观：文化、生态与感知》，科学出版社 1998 年版，第 147 页。

② 俞孔坚：《景观：文化、生态与感知》，科学出版社 1998 年版，第 29 页。

③ 俞孔坚，李迪华：《景观设计：专业、学科与教育》，中国建筑工业出版社 2003 年版，第 93 页。

④ [英] 克里夫 · 芒夫汀、泰纳 · 欧克、史蒂文 · 蒂斯迪尔等：《美化与装饰》，韩冬青、李东、屠苏南译，中国建筑工业出版 2004 年版，第 12 页。

概念，但并不像意大利未来主义者那样推崇以新兴文化为崇高，毁坏古老建筑，表现出对人类未来美好前景的看法。人们更容易感受到的是对高科技无可奈何和激情洋溢的崇拜，这种崇拜营造了一种新的感觉。[①] 因为当代社会的多元化发展需求，定量设计方法论的应用需要更注重人文和艺术层面，让它们相互融合。

图 2-1　荷兰设计团队 MVRDV 设计的数字城

四、可实施技术选择

帕特里克·盖迪斯（Patrick Geddes）以生物学和人类生态学为依据，探讨了现代城市形成的驱动因素以及与人类居住环境之间的相互作用。他对城市规划设计作出了一定的贡献，这为该领域提供了宝贵的启示。他专注于探究人类与环境互动，因而对城市空间的形态产生影响。他在他写于 1909 年的《进化中的城市》一书中认为，环境是一个复杂的系统，它承载了多种人类活动，而城市是人类文明的核心部分。[②] 他着重强调的是"区域视角"，将焦点从传统的城市规划范畴向更大范围移动，采用自然地理区域作为规划基础框架。他认真考虑了居住区的布局形式和地方经济体的相互影响，还对地域环境所具有的潜力和限制作了深入研究。重视人性化管理，遵循调查研究、了解情况、制订计划的程序，反对形式主义和完全依赖专家计划的做法，提倡

① [美] 查尔斯·瓦尔德海姆：《景观都市主义》，刘海龙、刘冬云、孙璐译，中国建筑工业出版社 2011 年版，第 63 页。

② 吴良镛：《人居环境科学导论》，中国建筑工业出版社 2001 年版，第 10 页。

有机规划理念。[①] 根据赫伯特·西蒙（Herber Simon）的观点，人类的日常生活是由大量的人造符号所构成的。我们利用感官去感受并理解这些符号，再依据其规则去创造新的物品，并将它们融合到我们的生活环境中。[②]

过渡区域是指社会结构中小团体和大社会之间的中介部分，涵盖私人空间和公共区域之间的过渡地带，还包括不同层次物质空间结构之间的过渡间隔。通过提高该地区的区域认知能力，可以增强居民对所居住环境的安全感、认同感以及自我认知的能力。[③] 可以看出，现在的城市环境艺术设计更注重将自然元素融入其中，旨在使城市环境更具自然气息。在景观设计领域，存在一种以环境为导向、强调自然元素，或者被称为“第二自然主义派”或“强调生态可持续性派”的设计风格。这种设计方法的核心思想是运用自然的特点模拟建筑本身的环境，包括采用土壤覆盖和高层绿化等策略，在建筑表面创造自然生态系统的形状和特征。埃米利奥·阿巴兹（Emilio Ambasz）是一位著名的美籍阿根廷建筑设计师，他的设计理念着重于环境保护和生态平衡。他认为通过模仿自然景观，恢复土壤表面的植被和生态系统的方法可以完美地将建筑融入自然绿地中。他的设计方案完全覆盖了所有绿地，这有助于维持水资源的可持续利用以及水土保持的生态平衡。巴尔的摩市城市大桥及投资者中心充分展现了建筑设计师丰富的创造力。建筑主立面采用了跌落式花园、瀑布面层和非对称搭配等元素，为人们打造了一种仿佛置身于大自然环境中的感受。流水、山石、植物等细节装饰也充分展现了设计师丰富的想象力。据安巴兹指出，信息时代促进了远程办公，使得传统的城市中心“高楼大厦+白领精英”模式变得不再必要。绿城采用了一种全新的设计理念，即通过在建筑物上方种植绿色植被来遮盖原本的灰色建筑，而不是采用传统的设计方式，在建筑周边设置绿化带。室外环境中场所的特性是文化因素中的一个重要方面，因为它与人类行为和事件的位置息息相关。[④] 依据克里斯蒂安·诺伯舒兹（Christian Norberg-Schulz）的看法，一个环境最具体的特征在于其场所，指的是由物质的实质、形态、质感和色彩等因素共同组成的整体。场所的属性或氛围是由多种因素综合构成的，它们共同决定了场所的本质。[⑤] 阿尔多·

① 吴良镛：《人居环境科学导论》，中国建筑工业出版社 2001 年版，第 11 页。

② [美] 赫伯特·西蒙：《关于人为事物的科学》，杨砾译，解放军出版社 1985 年版，第 8 页。

③ [丹] 扬·盖尔：《交往与空间》，何人可译，中国建筑工业出版社 2002 年版，第 63 页。

④ 刘先觉：《生态建筑学》，中国建筑工业出版社 2009 年版，第 67 页。

⑤ [挪] 诺伯舒兹：《场所精神》，施植明译，华中科技大学出版社 2010 年版，第 6–7 页。

罗西（Aldo Rossi）认为，城市包含市民集体记忆的信息，是一个纪念历史的场所。随着时间的推移，城市将物体和场所紧密地融合在一起，形成一个集体记忆的场所。这种场所在城市中的建筑和环境扮演着重要的指示角色，同时也是塑造集体记忆组织形式的重要元素。这种结构模式不仅规定了城市环境中具体事物的形状，而且创造了一个紧密相连的体系，连接着时间、群体记忆、地点和城市。因此，展示城市的思想信仰可以通过维护其“外部形象和稳定关系”来实现。[①] 现代城市居住环境的艺术设计注重地点的精神特质。这种设计不仅呈现所在地的历史和文化遗产，而且明显地体现了市民共同记忆随时间的累积。“再生”设计意味着重塑场所的历史印记，而“更新”设计则在恢复场所的文化特色。要实现城市环境艺术设计的目标，需要根据具体环境情况选择合适的技术，并以恢复和维护场所的精神为总体指引。以场所再生为例，实施这种方案其实表明了设计师无法避免地面对无法改变的现实，因为如果这个场所能够在原有的状态下继续存在，为什么还要进行再生呢?

尽管城市发展的时间不受人类控制，但作为公共空间，城市需要考虑人口因素、土地利用率和城市发展阶段等因素来适当地增加和拓展其功能。因此，对场所进行“再设计”是解决时光变迁的最佳方案之一。另外，“更新”设计也可以被定义为对现有场所进行翻新和装修，这有助于维系地点历史的延续。尤其是现代技术的进步，使得修复效果可以媲美全新建筑，甚至有些新建筑还为了表现怀旧风格而进行了特别的仿旧处理。通过环境生态设计，可以在减少工程量的同时，兼顾成本、资源和环境场所的因素。

此外，随着现代城市化的不断推进，已经出现了全新的地理和水文环境系统。由于城市化，土地和树木已经被城市建设所取代，变成了沥青混凝土和建筑物。自然水流路径逐渐被汇水区和雨水管道所取代。尽管如此，城市内涝问题变得更加严重，城市排水设施的负荷也增加了，城市防涝设备的运营出现了一些问题。现代城市为了美化和方便，许多区域采用了坚硬的地面覆盖材料，这使得雨水无法渗透到地下，反而会直接流入人工河道，增加了对排洪系统的负荷。除此之外，这些降水无法经由土壤渗透到地下水系统，因此城市地下水资源无法得到有效的增补，造成城市地下水资源极其匮乏。许多因素可以影响地表径流量的大小，如土地的透水性、坡度、土壤性质和

① [意] 阿尔多·罗西：《城市建筑学》，黄士均译，中国建筑工业出版社 2006 年版，第 130–131 页。

植被等。根据推算，城市中的硬质路面或屋顶会使得雨水无法渗透到地下，导致地表径流量达到降水总量的 85% 左右。而街道建筑物的屋顶、墙面，以及采用缓坡的路面和其他铺设，会截留掉剩余的 15%。[①] 由于森林中存在大量植物，落叶和枯枝，所以雨水在被陆地吸收和过滤时得到很好的保持，水和土壤得以储存。此外，多余的降雨也能够渗透到地下，这个过程不仅净化了水质，还使得地下水蓄水更为充足，采用逐层渗透方式进行。因此，在城市居住环境的艺术设计中，应当充分考虑自然环境系统的运作规律，如森林和湿地等，以此为设计实践提供参考。

根据具体的环境情况，控制可实施的技术选择，主要通过设计方法的应用来实现。广泛运用现代电子机械系统，深刻地影响了当代的生活方式和环境意识。城市规划和城市设计的范式已经发生重大变革，不仅仅关注建筑外观等表面因素，而且注重建筑对自然气候状况的决定性影响。虽然城市建筑的机械加热和冷却系统可以维持室内温度稳定，但是这种做法却不断加剧室外环境的升温。化石燃料和其他能源的使用导致大量污染废气排放，这已经超出了城市室外环境的容忍限度。在传统城市规划和设计中，机械系统所消耗的能源很难被充分考虑。[②] 因此，为了设计出适合人类居住的城市环境艺术，需要从多个角度出发，考虑设计方向，并采用适合人居环境设计的可行技术。

第四节　城市环境艺术设计的环节

环境设计可以被分为两类，分别是室内设计和室外设计。通常情况下，当我们谈论“环境”时，更多的是指室外环境。室外环境要素的范畴包括建筑物的布局设计、颜色搭配、绿化情况、设备设施及照明等方面。城市环境设计的目标是将这些元素相互融合，创造一个经济合理、生活便利、环境舒适、安全的居住空间，以满足城市居民的需要。

现代小区环境的设计是经过一系列的步骤逐步完成的，其中包括项目规划、用地分析及市场研究、概念性规划、详细规划、报批和融资、场地设计

① [加] 迈克尔·哈夫：《城市与自然过程》，刘海龙等译，中国建筑工业出版社 2012 年版，第 31 页。

② [加] 迈克尔·哈夫：《城市与自然过程》，刘海龙等译，中国建筑工业出版社 2012 年版，第 194–197 页。

方案、场地初步设想、场地施工图，以及施工配合等环节。在这些步骤中，设计团队会通过不断的调研和分析，制订合理的方案，最终达到设计目的。

可以通过上述陈述推断出城市环境艺术设计是一个综合性较强、系统性和复杂性较高的领域。我们可以将该设计过程分为不同的阶段进行分析，从而更全面地了解其过程和步骤。

一、设计筹备

（一）了解当地文化

在进行设计之前，初步了解当地的气候和文化等方面是必要的，这是整个设计流程中的首要步骤，并且在一定程度上具有至关重要的作用。通过巧妙地组合多种元素，形成更具本土特色的建筑风貌。

（二）资料搜集

为了达成项目的目标，需要收集一些相关信息，如与计划相关的政策法规、经济技术条件等。如规划中针对环境的要求以及政府制定的防火、卫生标准等。另外，我们还需收集有关基地地貌、地形和周围设施的信息。

（三）设计构思

在完成基地分析之后，立即进入构思设计的阶段。在设计想法的阶段，应以量化的方式尽可能地表达它们。设计构思可以分为四个阶段：一是理想机能的图示化；二是确定基地和机能之间的关系；三是对运动路径进行可视化；四是最后完成形态的组合。

二、概要设计

当设计策划完成后，设计师即进入正式的设计制作阶段。当前，设计师需要把注意力集中于概念设计，以解决那些可能会对整体造成影响的问题。当设计师开始设计时，他们会综合考虑拟建环境和城市发展规划之间的相互作用，并且会考虑周围环境的实际情况。设计师会基于基地的自然环境、人工环境和用户需求，制订最初的布局设计方案。

概要设计的表现形式包括简化的平面图、立面图、断面图、总体规划图和透视图，同时必须配有相应的文字说明，以表达初步设计方案的主要特点和想法。在概要设计阶段，我们会将之前的分析结果，包括空间功能关系、动线系统规划和造型组合图，转化为更加具体、明确的图纸设计。

三、设计发展

基本的设计理念和概念已经在功能、形式和意义方面得到初步确认。在设计的演进阶段，我们的主要目标是修补那些可能在概要设计中被忽略或没有充分考虑的问题。我们将对不同的表现方式进行细致的分类和分析，以便制订更加全面、详尽的设计方案。这个方案不仅能够在功能布局、空间和交通联系、环境艺术形象等方面解决问题，而且能够做到合理而全面地解决设计中的各种挑战。环境艺术设计的这个阶段非常关键，因为它的完成程度决定了整个设计构思是否能够逐步成熟。通常在此阶段，需要与专业领域中的电气、消防等专家进行协商，以满足他们的专业要求，并提出必要的修改建议以进行必要的设计调整。

四、施工图与细部详图设计

完成设计的发展阶段后，必须进行结构计算和绘制施工图，并展开必要的详细设计工作。深化和具体化设计工作的一部分是制作施工图和细节设计图，这些图纸主要用于解决结构方案和施工方法的问题。

施工图的设计或绘制，是设计师和工人之间所必需的中介环节，用以确保建筑施工的准确性和可操作性。这项工作负责整个建筑项目的规划和实现，需要考虑详细的细节，如准确的尺寸和结构方案、多种设备系统的设计和安装，以及各种技术工种之间的协作。此外，还需要完成编写建设标准、计算工程预算和制定施工时间表等工作。如果在这个阶段遇到了技术问题导致需要改变设计或者出现错误，需要立即对图纸进行更新或者纠正错误。

五、施工建造与施工监理

在承包工程中，建造者会运用多种技术，去转化各种材料要素，按照设计图的指引，制造成真实的物理结构。这个过程就是所谓的“施工建造”。在进行环境艺术设计时，必须考虑植物和动物的生命力，并采用与其他施工方式不同的方法进行绿化施工和植物栽种。在进行这种施工时，需要特别注意和运用专业技巧，因为植物的生长状况会直接影响它们的存活率，进而决定是否能够正确、充分地实现设计目标。为了保证工程质量和最终结果，设计师需经常前往施工现场进行检查，并在工程验收和使用交付前持续跟进。

六、用后评价与维护管理

“用户评价”是指用户对设计的功能、美观等方面提出的看法和评论，通常以文字或图像等形式表达，旨在帮助设计师或设计团队了解用户对设计的实际反应，以便改进或优化设计方案。为了保持环境整洁，建筑物、构筑物和设施的安全完好无损，支持动植物的正常生长，以及为使用者提供安全、舒适、便捷的使用体验，必须定期进行维护和管理。只有这样才能保证设计效果的持续和进一步提高。

设计城市环境艺术需要承担明确的目标并进行艰苦的努力。在程序设计领域，一个出色的设计师需要拥有出色的沟通技巧。除了具备优秀的教育和修养，还需要具备协调和设计过程中涉及的各方关系的能力。环境艺术设计已经超越了简单的艺术创作和技术建造，成为一种社会活动。从筹备到工程结束，环境艺术设计需要公众的积极参与。

第五节　城市环境艺术设计的评价

城市环境设计的评价标准之一是景观完整性，具体来说，景观完整性是指在特定时间和地点条件下，城市景观空间系统内的元素结构保持稳定、功能正常的一种相对稳健状态。这种状态表现为环境要素之间相互依存和谐协调，缺一不可。城市环境设计是城市中人工生态系统的一部分，由城市人群、景观要素以及它们之间互动运动的组合构成。完整的景观是一个表达景观理念的抽象描述，用于概括整个景观的特点。景观的完整性包含三个方面，即宏观层面、中观层面和微观层面。

第一，在宏观层面上，自然界和人工物体被视为一体。在大范围上，城市景观可以分为自然景观和人工景观两种类型，因此，景观的基本要求是自然景观和人工景观应该相互协调，实际上是在追求人与自然的和谐。人类与自然的融合涉及两方面，一方面，人类是自然系统的重要组成部分，我们与自然相互关联、相互依存、相互影响；另一方面，自然环境的破坏会给人类的生存带来威胁，我们需要保护自然来保护我们自己。城市中的自然对于城市景观空间系统非常重要。除了生态和美学方面的作用之外，它还是实现自然环境和人工环境的融合，营造理想景观的不可或缺的因素。

第二，中观层面即将内容和形式融为一体。首先，我们可以利用环境尺度分级来满足不同群众的需求，并建立自然尺度、环境尺度和人体尺度的分层尺度体系，以获得丰富多彩的景观体验内容。其次，在特定的尺度下，景观空间的要素应该保持适当的比例关系。景观空间中要素的地位和数量关系通过它们之间的组合和搭配表现出来，而不同性质和倾向的景观空间应当根据比例关系的不同进行景观要素类型的选择。通常情况下，广场等停留区域应该选择更多的休闲景观元素，比如花坛座椅、水池、喷泉等，以及标志性景观要素，如雕塑和观赏类树木。此外，需要仔细考虑景观要素之间的比例关系。最后，通过观赏动态和静态元素，以视觉研究的方式探究远近、快慢、高低等因素，创造出和谐平衡的空间布局。

第三，综合所有微观层面的官能感受，最终达成了统一。景观空间的感觉倾向应该根据其性质的不同而有所不同。这种占据主导地位的感官体验可以营造出独特的城市景观，使城市具有明显的辨识度特征。为了营造城市景观空间的特色，必须考虑建筑的外形、颜色、质感、标识，以及绿化植物的颜色和种类，地面所使用的材料和组合形式，以及景观雕塑或小品的文化艺术主题。所有这些因素都必须综合考虑，以创造出独特的感官体验。

一、生态连续

生态连续包括物质和社会两方面，在《马丘比丘宪章》中对此有所论述："新的城市化概念追求的是建成环境的连续性……在我们的时代，近代建筑的主要问题已不再是纯体积的视觉表演，而是创造人们能生活的空间。要强调的已不再是外壳而是内容，不再是孤立的建筑，不管它有多美，多讲究，而是强调城市组织结构的连续性。"①

（一）物质方面

一方面，在宏观层面上，景观的生态连续性是由人与自然、自然与社会相互作用协调形成的一种机制。在人类经济活动区域，保持稳定且持续的状态需要系统自我调控，该调控需要依赖自然界的演化机制。另一方面，需要让人类意识到遵循自然规律的重要性，以确保社会对自然资源的需求与自然

① 陈占祥：《雅典宪章与马丘比丘宪章述评》，《城市规划研究》1979年，第15-17页。

提供和承载的能力之间始终保持动态平衡。城市单元环境的连续性是城市整体美学效果和生态连续的重要条件。

从微观层面上来看。城市单元是指在城市中相对独立的空间区域，它拥有自己的空间特征并与周围环境相对比，可以是一个建筑、一组建筑，也可以是公园、街道、河流或桥梁等。城市单元环境的连续性意味着每个单元都不再是独立而空洞的存在，而是一个整体中的一个部分。这需要与其他单元交流，以不断改进自身形象。

（二）社会方面

城市景观空间的实体形态是与其社会空间结构密切相关的。社会空间结构形态反映了人与城市、人与人之间错综复杂的联系。在城市生态系统中，景观空间是自然而然形成的，是社区和居民生活的有形体现。城市文化的延续与物质的连续性密不可分。不宜采用那种破坏城市邻里关系，特意创造“景观”的方式。社会生态的连续性表现在人们基于历史传承而来的归属感和认同感。“天外来客”般的景观空间形式通常需要很长时间才能完全被社会群体接纳并融入他们的心理空间。城市形态过于剧烈、频繁地改变可能会在一定程度上导致历史的延续性丧失。当一个人感到内心空虚和失落时，他们往往无法与城市环境融合，这种心理上的隔阂会导致人与城市之间的矛盾情绪，这也是城市异化和失去人情味的主要原因之一。

二、多元共生

城市景观空间的设计是为了满足人类在城市中使用空间的需求。基本上，景观艺术是生活的一种艺术形式，而生活世界的解决方法并不是唯一确定的。在城市中，不同社会阶层和文化背景的人拥有不同的观念和看法，这影响了他们对景观的感受和评价。景观空间必然呈现多样化的形态和风格特征。传统和现代元素之间的对话，以及东西方文化之间的融合，促使城市景观呈现出不断变化、不断创新的空间形式，它们在不断运动中求得生存。在景观空间中，新旧元素的交融以及多元文化的融合对于它能否成为城市共同的记忆至关重要。

（一）多样化与艺术性

多样化是艺术性的前提，因为只有多样化的作品才能激发我们的审美冲动，给我们带来美好的景观体验。生活的根本就在于它的多元化和多样性。据学者所言，多元性是人性化的根本需求，也是人类实现自我解放的文化差异。现代城市中的不锈钢城市雕塑数量庞大，却缺乏独特的选址、形象构思和用材，因此给人留下了“千篇一律”的印象，相对比较缺乏艺术性。就建筑形式而言，无论是被称作“纪念物”还是“基体”，某些风格的模仿和抄袭相对比较普遍。很难再发现像天台济公院（见图 2–2）、长乐海螺塔（见图 2–3）、净月潭“森林之曲”（见图 2–4）那样别具一格、新奇独特的景观建筑。此外，幽默感和有趣的性格也是必要的。就像生活中不能没有喜剧一样，喜欢开玩笑和积极乐观的人也更受欢迎。

图 2–2　天台济公院

图 2–3　长乐海螺塔

图 2-4 净月潭“森林之曲”

（二）生活化与民间性

观看过《罗马假日》的人或许会被那短暂而美好的爱情故事所震撼，不同阶层的人，或许会面临着无法逾越的障碍。正因为存在着这种对立，生活才能呈现出如戏剧般的艺术美。实际上，那些具有活力且贴近生活的事物通常都存在于它们之间的相互配合中。频繁地以保持卫生和市容为由取缔街头摊贩和小吃店等街头饮食文化活动的做法并不是最佳选择。要认识到民间景观的特点，是需要规划和设计人员亲身体验才能探索出来的。这种方法注重强调人与人之间的关系，具有人性化的特色，体现了对人们思想、性格、价值观、观念和情感等方面具有象征意义的事物的表达和反映。生活化和民间性的事物呈现出了浪漫且多变的特色，从而促进了多样性与艺术性的生成。

（三）历史感与新奇感

埃菲尔铁塔位于巴黎市中心，是一座历史悠久、具有象征意义的地标性建筑，给人留下深刻的印象。不过，当它刚刚建成时，它被视为一种非常新奇的“怪兽”，甚至引起了大仲马等人的批评。可以明显地看到，历史感和新奇感并不是互为对立的概念。在欧洲人眼中，我们所称的“欧陆风”建筑式样可能会像我们去英国风景园观赏的“中国亭子”一样，显得有些不协调。后现代主义者运用历史风格的拼贴和调试等手法，塑造出了一种既独特又深受大众欢迎的“新鲜感”。通常情况下，我们对新鲜事物的感受来自两个方面：一方面是全新的样式引入，使我们听闻未曾听闻、见识未曾见识的。另一方面表现为对历史的回归，对本地文化的热爱以及对外来文化的吸收与融合。就像鲁迅所说的那样，“拿来主义”虽然可能引入不利因素，但如果没有“拿来”，社会文化就无法取得长足进步。在这方面，中国和西方的文化精神存在一定的差异。在比较中外现代宗教建筑时，我们可以看到许多西方教堂采用了现代建筑风格，更加贴近民众的生活需求；相反，中国的寺庙在采用正规设计时，更多地选择了古风形式的仿建。城市环境艺术创作的方法是以包容的心态接纳各种元素，包括历史、地方和外部的元素，然后运用转化的手法进行艺术创作。就此而言，历史感和新奇感是一体两面的体现，融合成时尚潮流的“时代感”。这正是最真实的“美景之道”。

第三章
城市环境艺术设计的内容

要想对城市环境设计进行研究就需要了解城市环境艺术设计的内容，本章将从城市广场景观设计、城市道路景观设计、城市滨水景观设计、城市居住区景观设计、城市公园环境景观设计这五个方面进行详细的介绍。

第一节　城市广场景观设计

一、城市广场概述

城市广场是城市公共空间系统的重要组成形态之一，其历史悠久，经历了多次发展。这个场所与城市的街道绿地、公园、山川湖海等自然风貌共同形成了城市外部空间环境的独特风貌。人类聚居形成城市，而广场则是城市文明的主要标志，也是构成城市景观最富魅力的部分。城市广场为公众提供了一个活动空间，主要用途是供人们散步、休憩、用餐或观察周围环境。这里就像是一个室内空间中的“客厅”或“起居室”，为人们提供了一个自由、舒适的场所。广场所具有的展示性的功能在整个城市规划中起着至关重要的作用。一座规划得当的广场不仅能够成为一个城市的标志，而且可以成为一个城市的亮点。

（一）城市广场的定义

城市广场是随着城市空间的产生而产生的。“广场”一词源于古希腊，被称为“Agora”，意为“一片开敞空地”，后发展为能够包容各式各样城市生活的“集会的地方”，作为市民各种活动聚会的露天场所，如雅典市中心广场（见图 3–1）是希腊进行各种重大政治和国事活动的场所。古罗马时代广场，是古罗马的市场与公共集会地、讨论地或法庭，如恺撒广场（见图 3–2）。中世纪、文艺复兴和巴洛克时代的广场，原指意大利城镇中的广场或市场，后泛指周围有房屋的空旷场地，如圣马可广场（见图 3–3）。古典主义时代的广场，指的是街、路、广场等场所，如旺道姆广场（见图 3–4），原是供停放四轮大马车用的，后来改作小汽车停车场。近代的广场是指四周植树以供休息的广场，或指街道交会的广场，现代城市广场正是在此基础上发展而来的。

图 3-1 雅典市中心广场

图 3-2 恺撒广场

图 3-3 圣马可广场

图 3-4 旺道姆广场

对现代城市广场的定义有多种解释，日本建筑师芦原义信在《街道的美学》中从空间构成的角度提出："广场是强调城市中各类建筑围成的城市空间。"[①] 广场在空间构成上应具备以下四个条件。

第一，广场的边界应该是由建筑构成的外墙而形成的，不是遮挡视线的围墙所包围形成的。

第二，广场需要容易构成有良好封闭空间的阴角图形。

第三，广场的空间领域明确，边界感强。

第四，广场要具有合理的比例，并且与周围的建筑和谐统一。

《城市规划原理》从城市功能的角度对广场概念进行了诠释："广场是由于城市功能上的要求而设置的，是供人们活动的空间。城市广场通常是居民社会活动的中心，广场上可组织集会、供交通集散、组织居民游览休息、组织商业贸易的交流等。"[②]

城市广场是一种结点型城市户外公共空间，其设计充分考虑了城市社会生活的多样需求。由建筑、道路、山水和地形等景观组成，采用步行交通方式。设计师在构思广场时，通常会有一定的主题和规模考虑。作为城市中最公共、开放、开敞的空间场所，城市广场常被称为"城市的客厅"，并成为人们日常活动的主要场所。

城市广场的功能包括集会、贸易、运动、交通、停车等方面，因此要从广场的数量、面积的大小、分布等方面进行系统性的规划，同时还要根据城市的性质、规模和广场功能定位来确定城市的总体规划。

城市广场包括三个关键要素，分别是按一定主题设计的设施、建筑和道路的围合，以及公共活动场地。若某地区只具备某些特点而不足以成为城市广场的要素之一，如空旷的绿地或空地，或者只限制于某种特定商住用途而被冠名为"××广场"，这些地区不应被认定为城市广场。

城市广场集合了城市的历史和文化元素，展现了自然美和艺术美的空间特征。城市广场的建设不仅调整了城市建筑布局，而且扩大了人们的生活空间和提高了城市生活环境的质量。并且，它也使城市向更加健康、更加文明、更加注重生活素质和城市文化的方向迈进了一步。

---

① [日]芦原义信、尹培桐：《街道的美学》，《安家》2012 年第 8 期，第 178 页。

② 同济大学、重庆建筑工程学院、武汉建筑材料工业学院合编：《城市规划原理》，中国建筑工业出版社 1981 年版，第 396 页。

（二）城市广场的产生与发展

城市广场的功能演变和文化特征是与城市经济和社会发展息息相关的重要因素。作为城市空间中的一个重要组成部分，广场具有象征城市的含义，它融合了城市历史文化的精髓。我们通过对广场的起源、形成和发展的研究，可以了解到城市发展的历史和文化。广场在东西方的历史和文化中扮演着不同的角色，因此其功能和形式也各不相同。

1. 西方城市广场的发展历史

在古代的西方城市中，城市广场被视为一种注重人文价值观的象征性场所，代表着“广场文化”。由于西方文化强调个人特质的表达和对现实生活的重视，因此城市社会的活动变得更为充实。由于人们通常更关注户外环境，因此城市中涌现出了大量的公共建筑和广场。从城市整体空间形态的角度来看，街道和广场相互衔接，形成一种清晰而明确的网络结构。广场作为城市的核心和重心，是外部空间的重要部分，而街道则是交会和发散的节点空间。众多的广场和建筑群以及标志性建筑构成一个美丽的“城市客厅”，向来是城市文化的重要组成部分之一。

西方城市广场的发展已有几千年的历史。在公元前 4 世纪末期，一些希腊城邦国家已经形成一种相当完善的广场原型，如阿果拉广场（见图 3-5）。它由公共建筑所围合，位于方形居住区的中心。其中有神庙、集会堂和长廊围绕着这个广场空间。

图 3-5　阿果拉广场

自古罗马时代以来，广场的功能范围已逐渐扩大，从最初的集会和市场，扩展到宗教、礼仪、纪念和娱乐等方面。广场通常是某些公共建筑前面的外部场地。运用比例和尺度关系，使整体的分部相互协调，并善于运用规整的空间来凸显广场的形象，同时严格遵守轴线的关系。

这个广场模型逐渐演变成为古罗马帝国的集会场，以及中世纪欧洲各式各样的教堂、市政厅广场。广场的传播范围随着古希腊和古罗马帝国的殖民城市，以及随着欧洲人后期的航海扩张，逐渐延伸到北非、美洲和亚洲地区。

通常情况下，历史古城的独特魅力源于公共建筑物和多样化的公共场所，这些都具有公共性。巴黎作为一个拥有两千多年历史的城市，最初起源于西堤岛。旧城岛面积在当时不到半平方千米，只有数百居民居住在此处。4 世纪，古罗马人的某个部落占领了一个高卢人居住的村庄，并在这个村庄所在的岛屿上建立了“巴黎吉”人的首府。从那时起，这个岛屿便被称为“巴黎”。从 6 世纪开始，巴黎成为法兰西王国的首都，并且随后所有的法兰西封建王朝都将其设为国都。

在 16 世纪的古典主义城市广场上，设计家们强调庄严典雅的纪念性构图，广场的设计手法非常严谨，通常会在广场的中心区域设置主体标志物。

在 17 世纪的巴洛克时期，城市广场不再被孤立地置于某一建筑物旁边，而是与城市道路融为一体，成为整个城市动态空间序列中的一个重要部分。被誉为“欧洲最美的客厅”的是圣马克广场，坐落在意大利威尼斯市中心，是公众活动的核心场所，包括政治、宗教和传统节日等活动。圣马克广场由多座建筑物和威尼斯大运河环绕而成，其中包括公爵府、圣马克大教堂、圣马克钟楼、新旧行政官邸大楼、拿破仑翼大楼以及圣马克图书馆，是一个长方形广场，长约 170 米，东侧宽约 80 米，西侧宽约 55 米。广场周围的建筑全部具有文艺复兴时期独有的拜占庭或哥特风格，它们展现出了精湛的建筑工艺。

西方城市的历史发展表明，公共场所的主要目的是为社区提供庇护，并促进社会冲突的解决。广场是人们展示市民身份、感受社区归属的场所。广场的作用主要在于提供集会、阅兵、宗教仪式等活动所需的场地。无论是参与其中的人还是观察者，都会认为这是一项集体活动。参与方式的灵活性也包括机制的自由。在某种程度上，广场空间的共享性在制衡权力机构方面具有相反的效果。由于广场的特殊性质，权力机构最初便希望掌控广场的实际形态，并因此安置了各种政府象征物。

现代城市将西方中世纪的大教堂变成各种功能的摩天大楼，建筑从中世纪教堂的宗教活动场所变成了具有不同功能的办公、商贸、文化娱乐场所。

这些不同时代的建筑在功能上都具有很强的吸引力，使得与之相邻的公共开放空间都成了市民重要的活动场所。

2. 中国城市广场的发展历史

在中国古代城市中，没有类似于西方集会和论坛式公众活动的广场。最初的广场是一个兼具交易、社交和交流功能的场所。根据考古发现，四千多年前的石峁古城城门外，已经存在一个规模巨大的开放广场。庙宇前的前庭或戏台是一种古老的广场形式，用于举行氏族会议、宗教仪式等活动，其历史最为悠久且简约。很多小城镇仍会在集市、码头和广场等集散地进行商业活动。由于中国传统文化注重家族观念，人们的个性受到了一定限制和束缚。这也导致古代城市户外空间呈现规则且开放的结构状态。城市公共空间的主体由街道和巷道这样的建筑交通网络所构成，它们连接着城市中的各个建筑群。除了主要的交通功能，这些空间还承担着集市商贸、人际交往等多样化的城市公共活动，以流动的共享空间形式呈现。街道被自然放大成为端口，交会的节点则形成了街市合一的小型公共广场。

从中华人民共和国成立初期到 20 世纪 70 年代，全国都在忙于生产和建设，城市广场只是集会和游行的场所。除了天安门广场（见图 3–6），全国各地的城镇也都拥有类似性质但规模不同的广场。一般来说，此类广场会设置一个主席台，提供宽敞开阔的空间，然而缺乏充足的绿化。

图 3–6　天安门广场

自改革开放以来，随着我国城市经济和文化生活的不断提升，许多城市广场的主要用途已经发生了转变。以兰州东方红广场为例（见图 3–7）。

图 3-7　兰州东方红广场

具体而言，20 世纪 80 年代进行了公园化改造，20 世纪 90 年代则进行了商业化改造。在 20 世纪 80 年代初期，由于大规模群众集会的减少和人民生活水平的提高，广场逐渐转变成市民日常活动的场所，居民在此进行晨练、散步、休憩或者观光。这一趋势促使广场进行了公园化改造，带动了绿化和美化运动。东方红广场进行公园化改造，不仅增添了大量的绿化，如树木、花草等，而且建设了假山、瀑布、流水等景观，同时还设置了许多石凳和长椅，使原本的广场更像一个公园或市民活动中心。

在 20 世纪 80 年代末到 20 世纪 90 年代初期，随着市场经济的推动和城市土地有偿使用的普及，人们开始高度关注城市广场所具备的商业和市场价值。随着时间的推移，广场不断举办各种展销活动，成为各种广告特别是充气型广告的“堆放场”。随后，开发商介入并开始对广场进行商业开发，逐渐将其从边缘向中心包围，使得广场的商业氛围变得越来越浓厚，而开放空间也逐渐被压缩。尽管东方红广场的商业化改造曾受到不少人的批评，但这并没有阻碍它的商业化进程。东方红广场近年兴建了东方红地下商城和百盛购物中心，分别坐落在广场中心和东南角，地理位置优越，使其成为兰州市主要的购物中心之一。

这个演变过程并非只是广场功能的简单替代，而是一个整合和引领不同功能的发展过程，贯穿从会议场所到公共休闲区再到商业购物中心的多元化发展历程。今天东方红广场依旧保留着主席台，象征着其仍具有集会的功能。广场上仍是开阔的空间，每天都有许多人在此进行晨练，也是老百姓频繁聚集的公共场所。尽管原本作为会场和公园的功能依然存在，但它们已被逐渐削弱，而商业中心功能却日益凸显。

20 世纪 90 年代后期，中国经济发展速度上升到一定的水平，市民的精神生活从基本的衣食住行向娱乐休闲转变。广场在更大程度上成为人们娱乐、交往的公共场所。人们不仅需要大而空的集会礼仪广场，而且需要广场上有温馨、空间宜人的景观和娱乐休闲空间。

如今，广场作为城市中重要的社交活动场所之一，还承载着保护市民公共安全、应急疏散的重要功能。

（三）城市广场的分类

随着现代城市的发展，城市功能的多样性需求增强。城市广场可以按照它们的主要功能、用途和在城市交通系统中的位置进行划分，包括但不限于公共活动广场、宗教广场、交通广场、商业广场和街道广场。根据广场的形状，可以分为规则形状的广场、不规则形状的广场以及多个广场组成的广场群。根据广场的构成要素可分类为建筑广场、雕塑广场、水上广场和绿化广场。同时，广场的等级也可以分为市级中心广场、区级中心广场和地方性广场。

当代城市广场的形态愈加多样化和立体化，如采用下沉式设计、建造楼上平台以及打造步行区域等。虽然城市中的广场有不同的功能和特点，但它们的分类是相对的。在现实城市中，各种类型的广场都或多或少具有其他类型广场的某些特点和功能。

1. 公共活动广场

通常，公共活动广场包括城市中心广场、集散广场和纪念性广场等类型。

（1）城市中心广场

这种广场通常坐落在城市主干道所围绕的古老地区，常位于城市的核心地带，因此被称为城市中心广场，也称市政广场。在广场的周围，有一些具有象征意义的公共建筑。这些建筑通常用于城市交通，同时也为旅游和其他活动提供服务。如果需要，还能够为大型的集会活动提供场所。这种类型的广场拥有宽敞的面积和良好的交通规划，可以与城市主干道相连，以适应人流集散的需要，但通常不允许车辆进入和穿行。

广场在特定的场合和特定的时间，发挥着特有的功能，如举行庆典、阅兵、迎接贵宾，但大部分时间都作为一个瞻仰、纪念、旅游、休闲的公共场所。因此，广场往往给人的感觉是一个严肃、庄重、规整的公共场所。

①天安门广场（见图 3-8）。饱经风雨沧桑的天安门广场是我国举行重大庆典、盛大集会和外事迎宾的神圣重地。中华人民共和国成立后的天安门广

场，经历了三次大规模改造，改造后的广场东西宽 500 米，南北长 880 米，总面积达 44 万平方米。其中，硬质铺地 20 万平方米，周围路面 30 万平方米。广场中心干道上铺砌由橘黄、蓝青色花岗石组成的“人”字形路面，长达 390 米，宽 80 米。中心干道可同时通过 120 列游行队伍。广场北面是天安门城楼（见图 3-9），西面是人民大会堂（见图 3-10），东面是中国国家博物馆（见图 3-11），南面是毛主席纪念堂（见图 3-12）。站在天安门广场上，环顾四周，新老建筑物十分和谐地融合在一起，形成具有强烈民族特色的建筑环境。站在天安门城楼上可环视蔚为壮观的古今建筑群，领略天安门广场悠久历史文化的现代体现。

图 3-8　天安门广场

图 3-9　天安门城楼

图 3-10 人民大会堂

图 3-11 中国国家博物馆

图 3-12 毛主席纪念堂

②红场。世界著名的广场之一，俄罗斯首都莫斯科市中心的红场，和中国北京的天安门广场一样有着极高的知名度。这里常常成为俄罗斯举行大型庆典、集会和阅兵等活动的重要场地。克里姆林宫位于红场广场的西侧，而红场广场的北面是俄罗斯国家历史博物馆，东侧是莫斯科国立百货市场，南面靠近莫斯科河的则是瓦西里大教堂。在宫墙一侧的中央有列宁陵墓，顶上有一个检阅台，两旁则是观礼台。红场的南北长达 695 米，东西宽度为 130 米，总面积达到 9.1 万平方米。铺设在地面上的方形青石，更增添了古老神圣之感。

莫斯科红场见证了莫斯科悠久的历史，也是俄罗斯人民引以为豪的地方（见图 3–13）。

图 3–13　红场

③巴黎市政厅广场。巴黎市政府大楼位于巴黎市政厅广场，是该市政治活动的重要场所之一。在中世纪、资产阶级大革命年代和巴黎公社时期，巴黎市政府大楼扮演了重要的历史角色。夏季到来时，人们会把沙子铺在巴黎市政厅广场上，使其变成一个人们俗称的“沙滩广场”。这里成为人们度假休闲的热门去处，许多人会在这里玩排球等活动。（见图 3–14）。

图 3–14　巴黎市政厅广场

（2）集散广场

集散广场是指在各种建筑物前，有大量车流和人流聚集的广场。站前广场通常作为城市交通的重要中心，如飞机场、港口码头、铁路车站和长途汽车站等。集散广场包括大型体育场馆、展览馆、博物馆、公园以及大型影剧院门前的广场。主要目的在于配合周围道路的出入口，采用恰当的方法来引导车辆和行人流动，以确保车辆顺畅通行，行人安全无事。

（3）纪念性广场

这种广场是以纪念建筑为核心，配合附近的地形特点规划植被，打造供人们瞻仰、游览和缅怀历史事件和人物的场所。典型代表为南京中山陵广场（见图 3–15）。

图 3–15　南京中山陵广场

2. 宗教广场

在过去，无论在东方还是西方，行政和宗教建筑都在城市中扮演着至关重要的角色。如普南城（见图 3–16）。

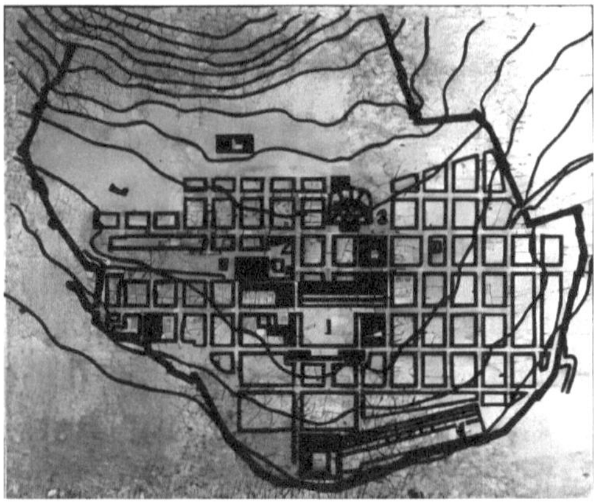

图 3–16　普南城平面示意图

圣马可广场是世界城市规划中备受瞩目的典范，该广场坐落于意大利著名城市威尼斯。三个不同面积的小广场集合而成，形成圣马可广场这个复合式广场。在圣马可广场上，圣马可大教堂高耸挺立，守护着被誉为保护神的圣马可雕像。在教堂的对面，周围都是新古典主义风格的厢房，建于拿破仑时代。经过多个世纪的建设，圣马可广场最终得以完工。12 世纪，圣马可广场原本是一片空地，位于教堂前方。随后，它演变为举行宗教政治活动的集会场所。在那个时代，威尼斯的统治者享有政治和宗教上的权威，他们的权利范围包括指派教堂主教。因此，圣马可教堂的地位不断提高，教堂的持续扩建也带动了广场的扩张。从圣马可教堂外部的装饰可以看出它在宗教上的重要性。在过去，教堂里的一些宗教仪式只有高级教士才能参加，而平民百姓只能在广场上观看。因此，圣马可广场就像是一个庞大的教堂，而教堂的正门就成了这个“大教堂”的主祭台（见图 3–17）。

图 3–17　圣马可广场

梵蒂冈的圣彼得大教堂是基督教圣地（见图 3–18）。它的建设持续了 18 个世纪之久，受到历届教宗的重视，这使得圣彼得大教堂打上了各种历史和文化的印记。它前面的圣彼得广场是由乔凡尼·洛伦佐·贝尼尼（Gian Lorenzo Bernini）设计的，建造于 1656—1667 年（见图 3–19）。圣彼得广场由两部分组成，第一部分为不规则的四边形空间，采用坎皮多利奥广场的风格。其作用是从圣彼得大教堂正面拉开距离，使所有人都能目睹圣彼得大教堂前这块举行宗教庆典的场地。第二部分为柱廊合拢的椭圆形空间。圣彼得广场宽 240 米，总长 340 米，柱廊由 284 根高 15 米的四排式柱子组成，在柱杆上有 140 尊高 3.2 米的圣徒塑像，圣彼得广场的铺地采用向心式，广场中央矗立着一座方尖碑，设计师认为既然圣彼得大教堂为所有教堂之母，它就应当有一双手臂式的柱廊，慈母般地拥抱天主教信徒。

图 3-18 圣彼得大教堂

图 3-19 圣彼得广场

中国古代没有像西方那样严格意义上的宗教广场，但在全国各地城市中有众多的庙宇和宫观。根据当地民众不同的宗教信仰，供奉着不同的神仙与圣人，如拉萨大昭寺广场（见图 3-20）、曲阜孔庙（见图 3-21）、北京白云观（见图 3-22）、西安万寿八仙宫（见图 3-23）等。一般庙宇和宫观前有一个较大的环境空间，有的庙宇和宫观前辟出一个广场。中国有 56 个民族，各民族虽然有着不同的风俗和习惯，但赶庙会是民众最喜欢参加的一项活动，庙宇前的广场就成为民众举办庙会的地方，民众在逛庙会时可以购物、看戏，进行各种娱乐活动。

图 3-20　拉萨大昭寺广场

图 3-21　曲阜孔庙

图 3-22　北京白云观

图 3-23　西安万寿八仙宫

法门寺位于陕西省宝鸡市扶风县法门镇（见图 3–24）。法门寺在 2004 年被联合国教科文组织评为“世界第九大奇迹”，是国家 5A 级旅游景区，全国重点文物保护单位。法门寺始建于东汉末年桓灵年间，至今有一千八百多年历史，有“关中塔庙始祖”之称，周魏以前称作“阿育王寺”，隋文帝时改称“成实道场”，唐高祖时改名“法门寺”。法门寺被誉为“皇家寺庙”，因安置释迦牟尼佛指骨舍利而成为举国仰望的佛教圣地。法门寺佛塔被誉为“护国真身宝塔”。法门寺地宫出土了释迦牟尼佛指骨舍利、铜浮屠、八重宝函、银花双轮十二环锡杖等佛教至高宝物。法门寺珍宝馆拥有出土于法门寺地宫的两千多件大唐国宝重器，为世界寺庙之最。

图 3–24　法门寺

法门寺山门广场的建筑设计风格壮观宏伟。山门广场占地约 15 万平方米，包括佛光门、般若门、菩提门和圆融门四个部分。这个场所提供了酒店住宿、素食餐厅服务、大唐禅茶品尝、讲经堂参观、旅游纪念品购物、游客中心咨询、大型超市购物以及电动车租赁等便利设施。

3. 交通广场

交通广场一般是指环行交叉口和桥头广场，设在多条干道交汇的交叉口上，被宽阔的马路和川流不息的机动车所包围，主要起组织交通、集散、联系、过渡等作用，也可装饰街景。国外建成年代较久的城市交通广场有法国巴黎的戴高乐广场。戴高乐广场（见图 3–25）位于塞纳河以北，是 12 条主要道路的交汇点，其中最著名的就是向东南延伸通向协和广场的香榭丽舍大街（见图 3–26），广场中央矗立着雄伟的凯旋门。拿破仑建造凯旋门是为了使它成为法国军队的纪念碑，凯旋门的地下是后来修建的无名战士墓。

图 3-25　戴高乐广场

图 3-26　香榭丽舍大街

4. 商业广场

从古到今，城市商业中心都是人们日常生活经常光顾之处，而当代商业经济成为城市重要的支柱产业，商业购物活动成为大众生活的重要组成部分。古代的商业大多数是以个体形式出现的，规模一般较小，而现代商业除了保留小规模的商业网点外，大型的商业都汇入高楼大厦中，从而出现了许多商场、大型超市、大卖场等。大型商业设施的出现延伸出现代商业广场，而许多历史名城中的著名广场，也因历史的变迁，演变成临时性的具有商业购物功能的广场，如威尼斯圣马可教堂前的大、小广场，德国乌尔姆大教堂前广场（见图 3-27）。

图 3-27　乌尔姆大教堂

大唐西市（见图 3-28）位于唐长安皇城的西南方，隋朝时期开始建造，唐朝时期达到鼎盛时期。该市占地广阔，面积达到 1600 亩（1 亩约等于 666.667 平方米），建筑面积超过 100 万平方米，涵盖 220 个不同的行业，曾是当时最繁华的商业中心。

图 3-28 大唐西市

5. 街道广场

街道广场，即和街道紧密相连的广场。街道广场为街道提供了一个缓冲空间，尤其是在街道两侧连续密集的建筑中，如果有一处能供人们小憩的空间环境，必定会成为人们聚会的中心。

街道广场一般占有公共空间的一小部分。有时是街道的拐角空地，有时可能是沿街建筑后退出的前庭，有时是人行道适当拓宽的部分，有时是建筑下部往外延伸形成的骑廊部分。它通过花坛和座椅的设置，给行人提供一个短暂休憩、等待和观望的环境空间。

6. 多功能综合性广场

现代城市发展到今天，城市生活呈现出多样化趋势，因此城市功能必须完善，以适应现代城市发展的需求，于是出现了多功能综合性广场。城市交通运输是现代城市发展面临的主要问题之一，城市道路不断拓宽和延伸，从平面到立体的交通网络正在形成。立体式高架桥、城市快速轨道交通成为现代城市解决交通问题的主要手段。正因如此，城市许多广场成为人流交通疏散的中转站。为了解决城市公共设施和交通问题，提高城市利用效率，应使广场最大限度地为市民共享。现代许多大中型城市通过对空间的立体设计，使地上地下一体化，将广场和交通、商业设施、文化场馆、旅游观光等功能结合起来。

二、城市广场规划设计

城市广场体系规划是城市总体规划和城市开放空间规划中不可或缺的一部分，其主要内容为设计城市广场的空间结构、布局功能，规定广场的大小、标准和类型。还包括市区周边用地的空间规划、功能整合和交通互通，以及广场与整个城市的空间设计、功能配合和交通关联。

城市广场作为一个集聚大众的场所，反映了人们对广场所承担功能多元化的需求。城市广场在不同地段的职能有所不同，它们的主要功能应该得到充分体现，并尽可能满足游客的娱乐休闲需求。商家可以从人们的停留中获得不尽的商机，这也会对城市的地价产生影响。

要想满足现代城市社会、经济发展的需要，广场就要在形式、内容上都做好充分的景观设计。只有对聚居地的“适宜度”进行合理分析，才能设计出符合城市形象的广场景观。现在城市广场的用途演变更为宽泛，综合起来有以下 5 个方面。

①供城市居民进行政治活动、文化交流、社交、集会的重要场所。

②为城市居民提供健身、休闲、观景、娱乐的理想空间。

③疏导城市人流、车流交通的重要枢纽。

④城市居民应急避难的不可或缺的重要场地。

⑤城市空间构筑城市个性的重要元素。

（一）城市广场规划设计的基本原则

城市广场的规划设计既要符合国家有关规范的要求，又要遵循以下原则。

1. 以“人”为本，满足人的行为心理原则

人类所有的行为都是出于自我利益的考虑。因此，当评估一个城市或地区是否适宜居住时，我们主要看公共空间和城市结构是否适合当地居民的行为模式。城市广场设计应该以活动的主体——人的需求为准则，一切设置要符合人的使用习惯，努力创造一种亲切和谐的氛围。由于现代城市广场承载着集会、休闲、娱乐等功能，根据不同的功能及广场性质，其铺装、绿地、构筑物、灯光照明等设施都要从人的行为习惯去设置。城市景观环境设计只有在环境中突出了人，反映了人的需求，才是比较成功的设计。

心理学家分析人在景观中有如下 4 种行为。

①本能需要，即吃、休息、运动等。

②获取信息，即视、听、嗅、触。

③表现自我，即演讲、表演、唱歌。

④参与交往，即聚会、游戏、仪式、庆典。

2. 尊重地域文化和突出鲜明特色原则

劳伦斯·哈普林（Lawrence Halprin）说："在任何既定的背景环境中，自然、文化和审美要素都具有历史必然性，设计者必须充分认识它们，然后才能以之为基础决定此环境中该发生些什么。"[1] 真正有文化特色、有生命力的作品，除了功能合理舒适外，还应充分体现出地域、文化和时代的特点。

（1）每个城市都有自己的历史和文化

传承一个城市当地本身的历史文化、适应地方风情、民俗文化，就需要城市广场的建设突出地方建筑艺术特色，创造鲜明的个性。景观设计只有充分尊重所在场地的内在物质文化，才能避免设计中照搬照抄现象，增强广场的凝聚力和城市吸引力。南京的汉中门广场（见图 3–29）、西安的钟鼓楼广场（见图 3–30），都注重把握历史的文脉，具有鲜明的地方特色。

图 3–29　南京汉中门广场

① 张文勇主编：《城市景观设计》，北京理工大学出版社 2019 年版，第 136 页。

图 3-30　西安钟鼓楼广场

（2）突出地方自然特色，适应当地的地形地貌和气候

城市广场应强化地理特征，尽量采用富有地方特色的建筑艺术手法和建筑材料，体现地方山水园林特色，以适应当地气候条件。如北方冬季寒冷，广场需要强烈的阳光，植物种植时多考虑以落叶树为主；南方夏季日晒，广场强调遮阳，植物以茂密的阔叶树为主。近年来大连在城市开放空间的处理上处于领先地位，被奉为典范。大连的城市广场景观基本上是以草皮为主，点缀各式造型的雕塑，令整个城市景观形象简洁、清新，又不失生动。

（3）突出鲜明的特色原则

广场作为城市中重要景观元素，往往起到标志性的作用。城市广场规划设计，首先应明确其功能，确定其主题，并进行准确的定位。要保证表现出城市广场在塑造城市形象、满足人们多层次的活动需要、改善包括城市空间环境和城市生态环境在内的城市环境这三大功能。城市广场的特色创造通常从以下 3 个方面考虑。

①城市空间。研究城市广场的布局，为确定广场的类型，需要考虑其位置是否位于商贸区或居住区，并根据不同的定位设计相应的风格。

②周边环境。城市广场的特色不仅受到其周边建筑的形态和城市风貌的影响，也受到这些因素的塑造。因此，在进行城市广场设计时，必须考虑周围环境的因素，并且尽量创造具有独特风貌的广场，同时与周围环境相协调。

③时代特色。广场景观设计应融合时代元素，以符合时代潮流。随着新材料和新技术的不断应用，当代社会展现出了对文化观念和审美心理的全新认知和转变。

综上所述，城市广场不只是一个单纯的场所，更是一个城市文化的载体，它所展现的不仅是广场本身的特色，也是城市借由广场所散发出来的独特气息和风貌特征。

3. 整体性原则

城市公共空间景观总体设计要以空间区域的自然景观资源为基础，对规划区域内的景观类型、数量、比例和空间结构进行分析，把周围的景观作为一个整体来考虑，追求景观风格设计的整体性。

4. 多样性原则

要想设计一个好的城市广场，就要考虑很多不同的人群，包括健康的人和残疾人、老年人和年轻人、社会不同阶层的人（如运动员、音乐家、商人等），他们也会有不同的需求，可能会健身、休闲娱乐、集会、购物等，所以我们应该强调这个广场要根据不同的人群和不同的使用需求，设计出能满足他们多选择的一个空间。

5. 生态性原则

随着城市化进程的不断加速，城市环境污染问题日益凸显。因此，现代城市广场的综合利用城市空间和综合解决环境问题的价值越来越受到人们的关注。城市广场的规划设计需要具备创新思维和方法，同时也需要注重生态环保，将“生态优先”作为设计理念的重要思路。

引入生态学观念，推动了当代景观设计思想和方法的进步，使景观设计摆脱了狭窄的视野限制，融入更多的学科和领域。景观的生态性设计涵盖的不只是增加多样化的植被，还包括保护大气环境、有效利用能源、收集和再利用水资源、降低碳排放以及妥善处理垃圾等方面，这些都对生态系统的健康和景观的可持续性发展具有至关重要的作用。

6. 保护与发展原则

我国城市的大规模建设和改造，导致许多珍贵的历史文化遗产和自然景观的遭受破坏，这对传统文化的继承和发扬产生了一定的负面影响。公共空间中那些充满了民族传统特色的元素日渐消失，这是由于景观风格的同质化趋势所导致的。在广场空间景观设计中，应当挖掘和提取具有地方特色的文化元素，尽量避免无意间削弱历史文化的内涵。同时，应高度重视当地市民对地域文化的认同感，以此体现广场景观的地方特色，增强区域内市民的凝聚力，提高景观的旅游价值。这一点至关重要。

（二）城市广场规划设计要点

当涉及城市广场时，人们常常不只关注外观美观和华丽的表象，而且更加关心其所呈现的各种功能和承载的作用。城市广场的功能体现在以下方面，分别是提供心灵上的满足和知识需求的满足、带来新奇的体验、享受美学，以及满足日常生活需求和环境需求。

根据城市总体规划规定的用途、特点和土地使用范围，考虑到交通情况、地形和自然环境等因素，来进行广场的设计。此外，还需要考虑广场和周边建筑物的协调，出入口与毗邻道路的顺畅连接，并注重广场的艺术风格。

在古典广场上，通常以硬化地面或建筑物为主，绿化地较少。现代广场大量引入了草坪和绿化带，并且经过设施的精心规划和交通路线的布局，使得广场既容易到达，又适宜停留，重塑了广场作为公共中心的精神聚集地的功能。

1. 突出主题表现

广场的选址应在城市的中心地段，标志物最能体现广场的主题，雕塑是最直接的手段，不仅要有美的形式，而且需要经得住时间的考验。

2. 广场面积适宜

城市中心广场的面积要适度，不宜规划得太大。太大不仅在经济上花费巨大，在使用上也不方便，会缺乏活力和亲和力。例如，大连星海广场（见图 3-31）是为庆祝香港回归而建，其总占地面积 176 万平方米，是北京天安门广场面积的四倍。交通广场的面积大小是由交通流量、车流运行规则和交通组织方式等因素所决定的；而集散广场的大小则取决于能容纳的最大人数，展览馆、影剧院、体育馆前的集散广场要考虑在集聚和疏散时间内是否能满足人流和车流的组织和通行需求。

图 3-31　大连星海广场

3. 有一定的围合性

随着城市空间的扩展，城市广场应运而生。它可以促进周边建筑物之间的凝聚力，使广场景观呈现向心感和空间序律。因此，在广场的规划设计上，应考虑一定的围合性。在这样的空间规划中，人们往往会自然而然地感受到一种归属感和情感联系，因而很容易沉浸其中。相反地，如果空间划分不清，会导致不同区域之间的使用互相干扰和影响，在吸引人们停留方面存在困难，也会更难于引导市民积极举行活动。研究发现，当广场周围建筑的高度与广场景观的宽度相等时，广场空间会显得更加封闭，营造出一种强烈的围合感；而当广场景观宽度超过周围建筑高度的三倍时，则会削弱围合感，使得广场空间缺乏亲切感。

广场尺度过大会造成空间过于开阔，不太稳定，缺乏互动性和交流氛围，难以满足人们进行各类社交和娱乐活动的需求。在广场的周围可以选择多种不同的围合形式。当广场较小或周围的建筑物能够有效地包围它时，无须特别设置围合物。但若广场占据了较宽的区域或周围的建筑物无法很好地围合它时，设计师需要采用一些方法，如设置墙体、构筑物、花坛小品、植物或下沉式设计等，来营造一定的围合感。这样可以让广场看起来更加完整和谐。

4. 有较好的可达性

能够烘托和渲染广场气氛的，并且可以起到组织、引导人流的作用的一个重要元素就是广场景物。有的广场绿地四周被繁忙的街道包围，人们难以进入，即使广场中有花坛、花架、喷泉、坐凳等设施，也会受到交通干扰而降低使用频率。

5. 有可诱发人们活动的媒介

人们在广场中的各种活动属于自发性和社会性活动，这些活动的发生都依赖适宜的环境条件。在广场规划设计中，如广场空间的划分、植物配置、小品设置、日照和风等方面，尽可能创造各种适宜的环境条件，满足和促成这些活动的进行，如通过雕塑或喷泉吸引行人停下来欣赏、交谈，使广场充满生机和活力。

6. 有一定的文化内涵，体现地方特色

在广场景观规划时，注意体现地方特色及文化内涵，理解与分析不同文化环境的独特差异和特殊需要，设计出本城市、本区域文化背景下的广场空间环境，形成独特的景观效果，使广场景观成为城市面貌的一个亮点。如天府广场（见图 3-32）是成都市的会客厅和地标名片。它位于成都南北中轴线上，金沙文化、蜀文化为主要元素，暗藏中国传统的阴阳八卦。

图 3-32　成都天府广场

7. 城市广场的边界与过渡

（1）城市广场的边界

芦原义信提出："广场是从边界线向心的收敛空间，边界线不明确收敛性则差。如果不存在边界线而形成离心的扩散空间，那就成了自然的原野或天然公园之类的空间。"[①] 广场有着城市的客厅的称号。现代相比较西方中世纪广场，在空间的开放性、功能的多样性和民众的参与性上都有着很大的提高。因而，这种把广场设计成两面或者更多面朝向公共道路用地的开放性，会给人一种在道路上向外延伸的感觉。现代城市广场的边界已不再是建筑的外墙，而是通过将广场绿化向人行道延伸，向人们暗示它已进入广场区域。

（2）城市广场的过渡

由于现代城市街道在空间上的独立性，广场的围合与边界被弱化，而广场边界的明确和模糊是根据广场的地形、地貌和广场功能等方面的需要来确定的，因此从广场向人行道的过渡设计是广场设计的重要方面之一。可以在广场的边界设置花坛、树池、草地、座椅等物品，形成地形上的高度变化，显示广场的边界并作为广场与道路的过渡。

城市广场的边界与周围的环境、建筑空间的功能有着密切的关系，有些较窄街区中的大型商场、超市、饭店、公司楼前广场，就没有必要将边界和人行道加以明确。人们普遍喜欢坐在空间的边缘是一种不想成为别人关注的焦点的心理行为方式。因此，城市广场的边缘或边界处的设计，既要达到完

① [日] 芦原义信，尹培桐：《街道的美学（续一）》，《新建筑》1984 年第 3 期，第 54-63 页。

美的过渡，又要考虑人们的行为心理，根据环境空间的特点和位置合理地设置休息和观看的空间。

8. 协调好广场与周边道路的组合关系

（1）交叉口空间

由于道路交叉情况的不同，会产生不同的广场景观。在18—19世纪的巴洛克城市规划中，曾大量使用中央部分设置公园化的喷泉、雕塑等纪念性雕像的景观构成手法，直到今天仍然散发着魅力，这种广场往往成为具有标志性特征的空间。

（2）沿线路边空间

街道沿线产生的空间可以称为“路边广场”。这种小型的场地在高密度的市区内是最为珍贵的公共空间，多是小巧玲珑的半封闭空间，通过配置植栽和休息设施形成整体宁静的气氛，步行者能够深入。这种场所往往位于街道的中段，可以采取标高抬升或作为下沉式花园来增加情趣性。

9. 符合自然生态与人性化的科学设计

①提供充足的硬质场地供人们活动，同时，确保至少有25%的广场面积为绿化区，为人们遮蔽夏天的烈日，并增添丰富的景观层次和色彩。

②广场必须配备座椅、饮水机、卫生间、小摊等附加服务设施，并添加一些雕塑、雕刻、喷泉等艺术元素，使广场更具文化内蕴和艺术氛围。

③在广场上摆放的小品、绿化和物品应当考虑“以人为本”的原则，符合人类身体的比例与尺度。只有满足广大市民各种不同需求，包括高雅艺术欣赏和健身娱乐休闲等方面，同时保持新颖的设计、合理的布局、优美的环境和完备的功能，才能达到最佳效果。

④广场的规划应该考虑人流和车流需要分开，并设置隔离设施和指示标志和标线，以指引车辆行驶方向、停车区域以及步行区域。出入口处应该保证有足够的视野，以确保行车安全。

⑤广场的垂直设计需综合考虑平面布局、地形地貌、土方工程、地下管线、周边建筑标高、道路标高和排水要求等因素，同时注重整体布局美观。

⑥在规划广场排水时，需要考虑广场的地形坡度、面积大小以及相连道路的排水设施，可以选择单向或多向排水方式。

⑦在平原地区，广场设计时应保持坡度小于或等于1%，并且最小坡度应为0.3%。丘陵和山区的比例必须保持在3%以下。当遇到地形困难时，可以考虑建造阶梯式广场。

⑧建议连接广场的道路纵坡度控制在 0.5%～2%。在遇到困难时，道路的最大坡度应限制在 7% 以内，而在积雪和寒冷的地区，这个限制应该降低到 6% 以内。另外，在道路的进出口处，应该设置一个缓坡段，使其坡度保持在 2% 以下或等于 2%。

（三）城市广场景观构成要素设计

城市广场的规划布置不是孤立在城市之中，而是城市的有机组成部分。从形态上看，城市广场由点、线、面及空间实体构成，设计时除了要考虑城市的脉络和空间的整体性外，还要在植物、铺地、色彩、水景、照明、雕塑等方面予以考虑。

1. 绿化规划设计

城市化进程的加快，使得城市的硬化程度越来越突出，城市与自然界的消耗与供给矛盾加剧，严重影响了城市生态系统的自身平衡。植物作为改善城市环境的一个方式，越来越受到重视。

绿化是城市广场景观的重要组成部分之一。作为软质景观，绿化的面积大小、比例形态及树种搭配等都对广场的形象和使用有着重要的影响。依据广场资源、环境、功能和性质，进行个性化绿化设计，通过植物的种植规划创造出的纹理、密度、色彩、声音和芳香效果的多样性，极大地促进了广场的使用效果，体现了个性特色。

（1）绿化的比例与布局

广场规划的绿化比例随广场的性质而有所不同。以保证使用功能不受影响为前提，尽量减少交通广场、礼仪广场上硬质铺装的面积。可以通过在硬质铺装区域内种植大树来增加绿化覆盖率，或在铺装之间留出一些空隙种植草坪以软化环境，或在广场上利用盆栽花卉点缀美化广场风景。在其他类型的公共广场中，应该将绿色植物的比例增加，使人类活动与自然环境融合在一起。

绿化布局时要考虑广场的性质与用途。礼仪广场多以规划式种植并采用大块面的布置方法；休闲娱乐广场采用自然式、组合式等布局方法。广场周边的自然元素也会影响到绿化的布局，如外围有影响视觉的元素（杂乱的货场等），在其相邻的区域布置密林以遮挡；有良好的景观资源时，则以开敞为主，起到借景的效果。由于我国位于北半球，四季分明，为使广场做到冬暖夏凉，在广场的西北边布以密林，以遮挡冬日的西北风，东南以低矮开敞的树木为主。广场内部植物的种植应从功能上考虑，起到分隔空间和围合作用的可进行多层次复合种植；小空间植物种植可考虑运用季相多变、色彩艳丽的乔木、灌木，吸引人们驻足休息；下沉式广场多选择羽状或半开敞树木，人们穿过时能看到广场的不同部分。

（2）绿化的树种选择

树种的选择首先应遵从适应性、乡土性原则。广场的位置大多在城市中心或区域中心，车多，污染严重，首先选择适应性强的乡土树种，利于生长。其次考虑以乔木为主的原则。再次是选病虫害少、污染少的树种。悬铃木树冠虽好，但产生的飞絮污染环境，尽量减少在城市中使用。然后是选择速生树与慢生树结合的原则。最后是季相的变化与多样性的原则。

（3）植物的栽植搭配

植物景观是广场景观塑造的重要元素，根据植物的形态、生物学特征以及观赏要求，应遵循以下原则。

①常绿、落叶相结合。华东地区冬日寒冷，夏季炎热，植物配置以冬日有阳光，夏季提供遮阴为主，常绿、落叶比例为（35%～40%）：（60%～65%），广场要有舒适的环境温度才能满足人们户外休闲活动的要求。

②乔灌草结合的原则。考虑群落的相互共生关系，不同高度、不同大小的植物对当地生长环境，如阳光、水分等要求是有一定差异的，不同层次的植物可以最大限度地利用自然界的能量，同时其产生的环境效益也是最大化的。

③季相变化的原则。植物随着时间的变化，既有空间的变化，又有季相的变化，不同品种在不同的季节其形态也是各不相同的，要合理地将不同植物组合在一起。

（4）纪念性广场与交通性广场的绿化特点

①纪念性广场。满足人们集会、联欢、瞻仰的需要。广场面积较大，为了保持场地的完整性，广场中央不宜设置绿地、花坛和树木，绿化设置在广场周边。采用规则式布局，营造一种庄严肃穆的环境。广场的功能趋向复合型，在不失去原有性质的前提下，可利用绿地划分出多层次的领域空间，提供休息的空间环境。

②交通性广场。组织和疏导交通，设置绿化隔离带。通常以低矮的灌木、草坪组成，布局以规则式为主，图案设计简洁明快，适应驾驶员和乘客瞬间观景的视觉要求。在广场中央布置花坛装饰，因车速快不利于视线转换，不宜布置自由式绿化，以免造成不安全的感觉。

2. 地面铺装设计

城市广场有别于城市公园绿地的一个最重要的特征就是硬质景观较多，约占 50%。广场铺地的基本功能是为市民的户外活动提供场所，需要对形状（线形）、尺度、材料、色彩、肌理、功能等进行系统设计，以适应市民多种多样的活动需求。地面铺装设计形态常从两方面考虑。

（1）以功能形态为主

如提供行走、休息、活动、观赏场地。行走地面铺装形式以引导人的流动方向为主，具有一定的导向性，常以条状、块状石块铺设；活动、观赏、休息区的地面铺装则考虑人们的活动需求，以平坦的图案方式铺设。

（2）以视觉形态为主

地面铺装主要考虑美观，以铺设图案为主，以整个广场或广场中某个空间为整体来进行图案设计。图案铺设宜简洁，重点区域稍加强调，便于统一广场的各要素和广场空间感。采用同一图案重复使用，有时可取得一定的艺术效果，但在面积较大的广场中也会产生单调感，可适当插入其他图案。在一个广场中有多个不同的且过于复杂的图案，容易造成多个广场拼接组合的感觉而失去广场的凝聚性。

广场铺装具有功能性和装饰性的意义。功能上可以为人们提供舒适耐用的路面（耐磨、坚硬、防滑）。同时，不同的铺装形式也可以表现不同的风格和意义。常见的广场铺装图案有规则式和自由式。

①规则式：多为同心圆、方格网。

②自由式：活泼丰富，多为几何形、曲线形。

广场铺装材质并不是越高档，效果越好，物美价廉、使用方便的材质通过图案和色彩的变化来界定空间的范围，会产生意想不到的效果。常见的材质有广场砖、花岗石（多为毛面）、玻璃马赛克、青石板、料石、青（红）砖材、木板、卵石、透水砖等。

3. 色彩设计

色彩是人类视觉审美的核心。一个有良好色彩感觉的广场，将给人带来无限的欢快与愉悦。广场色彩不仅与周边建筑、环境相协调，还与城市的文化、地域特色息息相关。

广场的色彩要素有很多，如绿化、建筑、硬地铺设、水体、人物、雕塑、小品、灯饰、天空等。绿化以观赏为主，要注意春季观花、秋季观叶色彩的搭配；以衬托背景为主的则以一种色调为主；为了保持纪念性广场的严肃氛围，不能使用过于鲜艳的色彩。为了增强广场的商业性和生活性，商业性广场和休闲娱乐性广场通常采用较温暖、热情的色调，以营造出活跃、热闹的氛围。下沉式广场运用深色调，而上升式广场则采用色彩较为明亮、轻盈的色调。

4. 水体设计

水体在广场空间中是人们观赏的重点，动静有声，可以映射周围的景物，成为引人注目的景观，流动的水体给人跳动、欢快的景象，静止的水体使人安静、冥想。

广场水景多采用人工手法设置，如模拟自然界的瀑布、涌泉、喷泉、激流，以增添广场的情趣；或者结合声光电控制，成为艺术表演；甚至可以与广场上的活动相结合，体现出水景独特的魅力。水体在广场空间的设计中有以下 3 种。

①广场主题：以观赏水的各种姿态为主，其他一切设施均围绕水体展开。

②局部主题：水景是广场局部空间的主体。西安大雁塔音乐喷泉（见图 3–33）位于大雁塔北广场，东西宽 218 米，南北长 346 米，它是亚洲雕塑规模最大的广场，广场内有 2 个百米长的群雕、8 组大型人物雕塑、40 块地景浮雕。大雁塔喷泉水面面积达 2 万平方米，八级迭水池中的八级变频方阵是世界最大的方阵。这套喷泉设计有独立水型 22 种，其变频方阵（排山倒海水型）、莲花朵朵、百米变频跑泉、云海茫茫、海鸥展翅、蝶恋花、水火雾以及 60 米高喷水柱等，都是我国最新推出的科技含量较高的新颖水型。

图 3–33　西安大雁塔音乐喷泉

③辅助、点缀作用：水景只是作为构成广场要素的内容之一，起到景观、联系、活动、休息的功能。

5. 景观小品设计

小品是广场中的活跃元素，同时也是体现广场主题、城市文化的灵魂。

在满足功能要求的前提下，广场小品作为艺术品，具有审美价值。由于色彩、质感、肌理、尺度、造型等特点，合适的小品布置可使广场空间的趋向、层次更加明确和丰富，色彩更富于变化。广场小品分为功能设施类小品，如座椅、凉亭、柱廊、时钟、电话、公厕、售货亭、垃圾箱、路灯、饮水器等，审美设施类小品，如雕塑、花池、喷泉等。

设计好的景观小品具有点缀、烘托、造景、活跃环境气氛等功能。景观小品设计的布局要从两方面考虑，一方面，应满足功能要求，包括使用、交通、用地及景观要求等，还应与整体空间环境相协调，在选题、造型、位置、尺度、色彩上均要纳入广场环境；另一方面，应符合不同广场性质，体现生活性、趣味性、观赏性。如市政、纪念广场景观小品在形式、色彩、造型上应稳重、肃穆、简洁、淡雅，而休闲、商业广场则不必追求庄重、严谨、对称的格调。

在广场空间环境中的众多景观小品中，照明和雕塑所占的分量越来越重。照明主要考虑夜晚广场上活动的人群以及城市景观的亮化工程，在设计上要注意，白天和夜晚街灯景观的不同特点，白天要考虑广场上的灯柱类似于建筑小品，在形态上要与周围环境协调一致，夜间则要考虑发光部的形态以及灯光形成的连续性景观。

雕塑是通过三维空间的造型来进行多角度的视觉展现，并为人们提供美学上的享受和艺术欣赏。雕塑的形象是否能在背景中直接显现出来，进而吸引人们的目光并产生观赏效果。如果环境干扰或被遮挡，雕塑的识别性和象征性将会丧失。雕塑的艺术效果会受到所处广场空间环境的影响，因为雕塑的尺寸和环境的比例关系对视觉效果有着重要的影响。雕塑作品不仅能够赋予广场明显的身份认知，增添广场的生命力和凝聚力，同时也起到了烘托和控制整个空间环境的作用。

第二节　城市道路景观设计

一、城市道路概述

在大城市规划设计中，道路面积约占土地面积的 1/4。城市道路网不仅是连接城市各个部分的基础设施，而且是城市景观的重要元素之一，展现了一个城市的风貌和形象。

道路和街区的景观设计可以被划分为两个组成部分。城市交通景观包括两方面的内容，一方面是道路上的交通工具、设施、管理和人流等动态景观元素；另一方面是涉及道路空间和边界环境对城市交通景观的影响，以及道路空间与所属地段环境之间的相互关系。

（一）古代城市道路的产生与发展

城市道路是随着城镇的发展逐渐形成的。从最初的满足出行需求开始，逐渐发展成为在街道上进行交易，涉及政治、经济、文化和艺术等领域。

1. 古代城市道路的发展

摩亨朱达罗城是一个古老而广为人知的城市遗址，位于印度河右岸的巴基斯坦信德省，在公元前 15 世纪之前就已存在。城中的街道都排列得整整齐齐，主要的街道朝南北方向延伸，宽度大约为 10 米，次要的街道则朝东西方向（见图 3-34）。在古罗马城中，南北大道横跨全城，约宽 15 米。大部分街道朝东或朝西延伸，路面被分为三段，两侧为行人通道，中央是供马车通行的道路。路旁还设有排水边沟。1 世纪末，罗马古城的主要干道宽度大约为 25～30 米，有部分地区甚至达到了 35 米的宽度。行人和车辆的通道被一排柱子分开，路面铺上了光滑的大石板，同时市区中心还设置了一个广场。这幅画（见图 3-35）描绘的是古罗马的城市景象。

图 3-34　摩亨朱达罗城

图 3-35　古罗马城

中国古代，营建都城，对道路布置极为重视。在远古尧舜时，道路曾被称作“康衢”。在商朝殷墟遗迹，有碎陶片和砾石铺筑的路面。周武王姬发灭商后，根据周公姬旦的建议，修建了连接都城镐京与东都洛邑（今洛阳）的道路，称“周道”。西周时期，能够通行三辆马车的道路为“路”，能够通行两辆马车的为“道”，能够通行一辆马车的为“途”，而“径”则指的是只能供牛马通行的乡村小路。秦始皇在六国统一后，进行了大规模的交通路线整修和连接工程，这个工程历时 10 年，以京师咸阳为中心，修建了大量的驰道作为主干线，辐射全国各地，使各个郡和重要城市之间相互连通。秦朝兴建的驰道都有统一的规格要求，包括路面宽度为 50 步，相当于大约 70 米；为了确保顺畅地排水，并且使路面牢固有力，需要在两侧将路基建造高于地面，并使用铁锤将路面实实在在地夯实。在每 30 尺（1 尺等于 33.333 厘米）的距离内，种植一棵青松作为路旁树木。在中央的 3 丈（1 丈约等于 3.33 米）之处，是皇帝专用的区域，而两侧则建有供人通行的旁道。每隔 10 英里（1 英里等于 1609.244 米）设置一个亭子，旨在提供分段的安全维护点、行人沟通站和邮件传递的转移点。

街道里巷是早期的城市道路。《史记・平准书》:“众庶街巷有马，阡陌之间成群，而乘字牝者傧而不得聚会。”街巷的宽度是按重要性和交通量分级的。《考工记》记载周王城街宽以车轨数计，干道宽九轨，顺城街宽七轨。

战国以后的里坊制城市，坊间道路称“街”，坊内道路称“巷”。

汉代称城市干道为街，居住区内道路为巷。街字本指四通的道路，而以通城门的为主干道，如汉长安城的“八街”。汉长安城的大街分 3 条道，中央御路宽约 20 米，两旁道路各宽约 12 米，左入右出，中间隔排水明沟，道旁植杨树。

隋唐时，里坊面积增大，坊内开辟十字干道，称“十字街”，坊内支路称“曲”。

我国古代道路发展的极盛时期在唐朝。那个时候，唐朝的京城长安是世界上最大的都市京城，并且有着和东部地区相通的水路运河，还是国内外陆路交通的重要枢纽。唐朝长安城墙规模空前，总周长达 36.7 千米，南北长 8651 米，东西宽 9721 米，几乎呈一个正方形，相当于如今西安城墙的 10 倍之多。长安城的布局如图 3–36 所示。

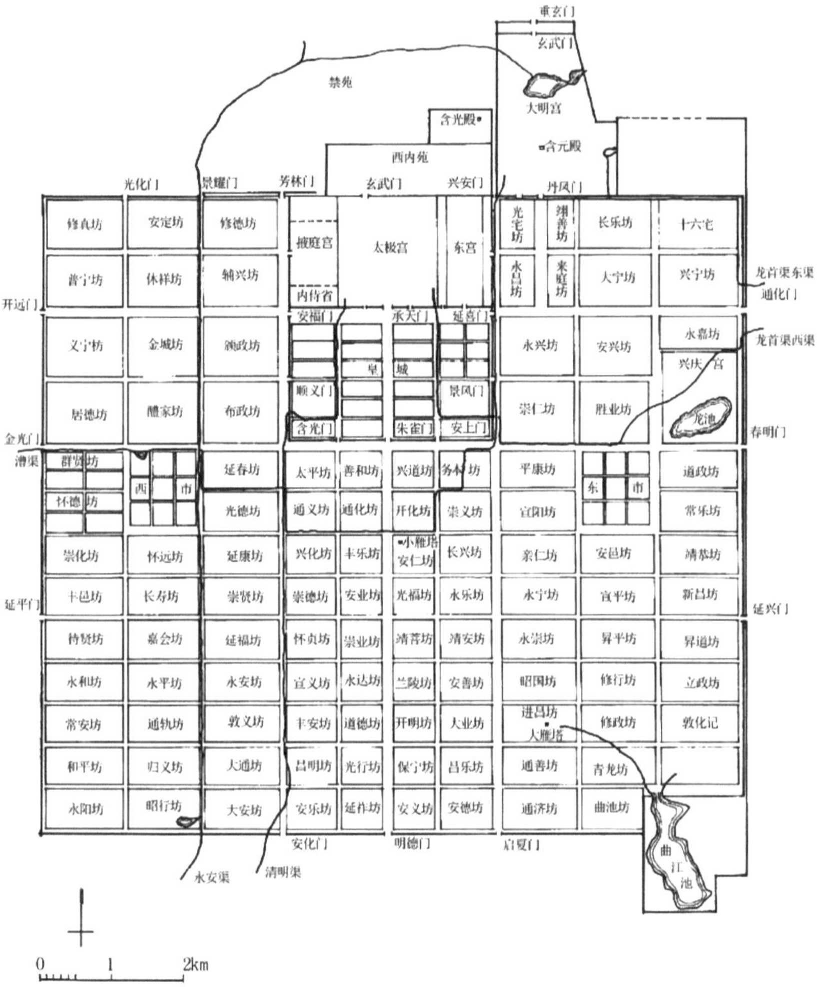

图 3-36　唐朝长安城布局

这座城市内有 11 条南北走向的主要大街和 14 条东西走向的主要大街，整个城市被划分为一百多个规整的坊区。承天门大街，是皇城中央的南北大道，宽达 441 米，视野广阔。有 6 条繁华热闹的大街互相连接 12 个城门，车流不息，人潮涌动。图 3-37 中的朱雀大街是南北向的中轴线，宽达 150 米，将长安城分为东西两部分，东侧为万年县，西侧为长安县。街道两旁设有排水沟和行道树，并布置了清池溪水和美丽的园林，牡丹花也在这里盛开，使得整个城市整洁美观。朱雀大街的设计和建设成为中国未来城市道路建设的榜样，并对日本有着一定的影响。

图 3-37　朱雀大街

唐长安城街宽分九级，分别为 150 米、130 米、120 米、110 米、70 米、60 米、50 米、40 米、25 米，坊内十字街宽约 15 米，小巷宽约 2 米。大街植槐树为行道树，也筑明沟排水。长安城向东、南、西、北四个方向延伸出了一张广阔的陆路交通网，连接着全国各地，同时也经常有中外交通往来。除此之外，随着唐朝政治、经济和文化的不断发展，洛阳、扬州、泉州、广州等城市也逐渐成为国内外重要的交通中心。

到了宋和辽金时期，道路建设进入了一个新的发展阶段。与隋唐时期有着明显区别的是这一时期的城市建设，撤去坊墙，改为街巷制，把坊内街改造成以东西向为主的巷，以利建造南北向的住宅。巷可直通干道，交通大为便利，实现了街和市的有机结合，道路连通干线，交通非常方便，使得市区和街道有机地结合在一起。城市中心的主要街道两旁，第一次成为各种行业和服务的聚集区。城市居民在一定程度上摆脱了以围墙分隔为主要特征的老式坊区，融入前所未有的热闹城市生活，酒馆茶楼、摊贩艺人随处可见，热闹非凡。通过改建，北宋的都城汴京（今开封）成为一座人口超过百万的大城市，城中店铺数量达到六千四百多家。御街是汴京中心的主要街道，宽度达到了两百步，两旁还建有御廊。北宋政府通过改革废除了周、秦、汉唐时期的限制措施，使市民有权向大街开门，并获准在御廊开店设铺和沿街做买卖。此外，政府还宽松了宵禁时间，城门也晚关早开，从而促进了经济和文化的发展。在御街上，每隔两三百步就会设立一个军巡铺。军巡铺中的防御军在白天维护交通秩序，疏导人流车流；而在夜晚，则负责警卫官府商宅，以防盗窃、火灾以及其他意外事故的发生。

在唐代就已经存在一种公共交通工具，它叫作“油壁车”。南宋时期，位于临安（今杭州）的油壁车得到一定的改进，它的车身更加延长，还增加了车厢，并且在车厢的壁上设置了窗户和帘子，这些车厢的装饰十分讲究。车厢内装有丝绸垫子，足以容纳六人乘坐并欣赏景色。这辆公交车是最古老的，临安城也算是全球最早采用公交车的城市。如图 3-38 所示，是一幅描绘油壁车的图画。

图 3-38 油壁车

中国古代城市这种方格网街加东西向巷的道路系统，是中国宋代以后城市街道布局的主要方式。也有为了适应地形或扩建改建时形成斜行、环行或放射状道路网的城市。

在宋朝以前，城市内的道路多数都是未经铺设的土路。但是，在宋朝之后，南方城市开始广泛采用砖石铺设路面。元大都城街仍为土路，石砌明沟排水。明、清的北京城也是土路，只有局部御路铺砌石板，并由明渠暗沟和排污河组成庞大的排雨、排污系统，与护城河相通。

回顾世界城市道路发展史，大约经历了三个阶段。

第一个阶段，为了确保车辆能够正常行驶，不被雨季道路泥泞所阻碍，需要建造具有一定强度和平整度的路面，让车辆在晴雨天都能畅通无阻。当时，人们关注的重点是改进和提高车行道路面的铺装质量。

第二个阶段，由于车辆的增加、行车拥堵和事故增多，人们致力于通过改善平面、纵向和横向的道路设计，提高道路通行能力、改进交通组织和减少车祸事故数来缓解这一问题。

第三个阶段，汽车猛增，给社会、环境带来了一定的影响，在景观上、社会上、环境上求得经济适用的城市道路系统。

2. 古代城市街道景观的形成

道路是形成城镇的基础之一，而地形、地貌、水文、气候又是人类定居并形成城镇的条件因素。在古代，无论是东方还是西方的道路和河流都是人们往来交通、贸易流通的主要通道。

当人们在道路和河流的沿线发现适宜居住的地方时，就会选择定居下来，从事生产和生活，并经营自己的家园。随着定居人口的不断增加，道路和河流两侧房屋的增多，形成街道的雏形，而街道两侧的住家开设各种商铺，向居民和过路客供应各种生活用品，这些商铺所供应的商品都是不同个体所生产的物品。沿街商铺将门面作为店铺，后面作为生产作坊；或者下面开店，上面住人，由此形成前店后坊的街景形式，成为中国古代城镇的主要街景。

从宋代著名画家张择端的作品《清明上河图》中，可以看到当时汴梁城的繁华街景（见图 3-39）。我国著名水乡周庄、乌镇至今还保存着当时的街景风貌，整个镇子沿网状河道而建，主要街道沿河道两侧展开，河道两侧留有货运码头。

图 3-39 《清明上河图》（局部）

村、镇的形成除了与交通运输有关外，不同的自然环境条件，也是村、镇形成不同特色街道的重要原因。例如，安徽省黟县的宏村、西递村，就是历史上因政治动乱、征战频繁等原因而导致中原人士属大量南迁形成的。徽州地区有着良好的自然环境，气候温暖湿润，四季特征明显，山林茂密，动植物种类丰富，自然资源充裕。由于其地理单元相对封闭，形成了一个与世隔绝并较为安全的世外桃源，成为迁移人口理想的聚集地。宏村村落结构呈“牛”形，村口有一条大河穿过，街巷中人工修建的引水渠，为村民日常生活用水提供了便利；独特的地形地貌条件形成具有宏村特色的村落街巷。西递村村落（见图 3-40）结构呈长条形，村民在村落建设中，设计了一条水沟从村中穿过，将山泉引入村中，以满足村民日常生活用水的要求；在街巷的路网结构规划中，村民们相信弯曲的道路能藏风聚气，留住财源；曲折的街道除了可避忌“碎锣破边”外，也可用来防御外来的侵扰，从而形成弯弯曲曲的街巷，这种村落的结构形式构成西递村街巷的特有风格。

图 3-40 西递村中沿溪流的巷道

在《街道的美学》中，芦原义信得出这样一个结论：“街道是当地居民历经漫长历史所创造的，其建造方式受到自然条件和人的影响，所以，世界上现存的街道与当地人对时间、空间的感知是息息相关的。”尽管人们可以改变街道的基本外观，但住房模式却不是那么容易改变的，这类似于不能改变自然环境条件的情况。在 19 世纪末，道路景观才真正成为城市设计的一部分。在某些发达国家的城市规划中，设计师开始注重城市景观，衍生出道路景观的理念。1907 年，美国出现了一种新的道路景观设计方式，其特点是道路工程师和园林建筑师共同合作进行设计。

（二）现代城市道路概念与发展

1. 城市道路概念

城市道路是连接城市内各区域，方便居民的日常生活、工作和娱乐活动，同时也连接市外道路，承担着对外交通的重要职责的道路。

一般情况下，城市道路比公路要宽阔，这是为了满足交通工具多样化的需求，因此常常被划分为机动车道、公共汽车专用道、非机动车道等不同车道。道路两旁有高出路面的人行道和房屋建筑物，公共管线常被埋设在人行道下，同时为了美化城市，还进行了绿化带和雕塑艺术品的布置。为了确保城市交通的流畅，城市道路规划需要考虑以下因素。

①合理的道路宽度以适应城市人口和车辆的增长。

②道路表面应该具备结实耐用、平整防滑的特性，以保障车辆的行驶安全、舒适和快速。

③减少扬尘和减少噪声可以对环境卫生产生积极影响。

④方便的排水系统有助于及时排走雨水和雪水。

⑤充足的照明设备有助于居民在夜间活动和车辆通行。

⑥要保证道路两旁有宽阔的人行道、绿化带、地面和地下的设施与管线。

为了缩短车辆的运行距离，城市各重要活动中心之间需要建立便捷的道路连接。为了方便居民活动，城市的所有次要区域都应该有道路连接。在城市内，道路密集且面积有限，交叉路口也众多，这些都会影响道路通行的畅顺。因此，需要采取多种措施，如彩色信号灯、环形交叉口、交通渠化以及立体交叉等措施，以加强道路通行的顺畅性。

在城市中，我们有许多种交通工具可供选择，它们的速度不同。为了让它们互不干扰，我们可以采用隔离带、隔离墩、护栏或划线等措施，让它们分开行驶。为了方便城市公共交通的乘客上下车，必须设置停靠站点，同时为了提供停车位，还需要建设停车场。为了确保行人的安全，同时不影响交通流畅，应该在交通繁忙的街道上设置过街天桥或地道，方便行人穿越道路。在没有交通拥堵的道路上，行人可以利用人行横道线过马路。

2. 城市道路的发展态势

随着城市的改善与发展，人们在城市中聚居，交通工具不断增多，导致城市交通日渐拥堵。公共汽车的行驶速度变得缓慢，道路也变得拥堵不堪，交通事故屡屡发生，人们的生活环境受到了废气和噪声等污染的严重危害。当前，处理城市交通问题的紧迫性与日俱增。正在考虑或实施的举措包括以下 5 点。

①重新设计已有地面道路系统，增设城市高速干道、干线和环路，以分流和缓解过境和市区交通，减轻城市中心地区的交通压力，改善地面交通状况。

②建设地面高架道路和地下路堑，以供快速车辆行驶，从而减少地面交通的相互干扰。

③开发新型交通工具，如气垫车、电动汽车、太阳能汽车等，具备高速和高运输量的特点，以提升运输的速度和效率。

④加强交通组织管理，可以利用电子计算机建立控制中心，并研制能够自动调度公共交通的电子调度系统。同时，广泛采用绿波交通措施，即使汽车按照规定的速度行驶至每个交叉路口时，都能够遇到绿灯，从而实现连续通过，避免停车。此外，我们还应该实行公共交通优先政策。

⑤进行交通流理论研究，利用新型交通观测仪器来解决不断加剧的交通问题。

3. 城市道路的交通水平指标

城市道路的交通水平指标有以下 4 点。

①道路网密度。道路网密度是指行政区域内单位面积的道路总长度。中等城市道路网密度为 5.2～6.6（千米 / 平方千米），200 万人口以上的大城市道路网密度为 5.4～7.1（千米 / 平方千米）。

②城市道路面积密度。城市道路面积密度是指城市道路面积与城市建设用地面积之比。200 万人口以上的大城市为 15%～20%，一般城市为 8%～15%。

③人均道路占有率。人均道路占有率是指行政区域内道路面积与人口数量之比，城市人均道路占有率规划为 7～15 米 / 人。

④道路铺装率。道路铺装率是指行政区域内铺装道路长度与道路总长度之比。

二、城市道路景观的设计分析

目前，大城市居民每天在路途上所花的时间达几个小时，现代化城市的交通设施占地多达 30%～40%，所占空间甚大，道路景观已成为城市景观的重要组成部分之一。

（一）城市道路的景观特点

城市道路景观是通过视觉传达的艺术形式。人们的视觉系统不仅有助于认知外界物体的大小，还能够辨别物体的形态、色彩、位置及运动状态。人们能够通过视觉感知周围环境的信息超过 80%。

城市道路景观具有动态的系统性，其视觉艺术的魅力和特点正体现在其流动性和变化性上。在城市道路景观设计中，需要特别关注观察者在行驶过程中感受到的道路景观，其中方向性和连续性的设计非常重要。

城市道路景观化就是设计行人或搭乘交通工具运动过程中所看到的街景（含步行、低速、快速等交通形式），也就是行人、驾驶交通工具的人以及乘客视觉中的道路环境的四维空间形象。

（二）城市用路者的行为特点

城市用路者都是在运动中观察道路及环境的。由于出行方式、出行目的不同，在道路上有不同的行为特性和视觉特性。

1. 步行人群

上班、上学、办事的人员，行程上往往受到时间的限制，较少有时间在道路上停留；他们有时间感，来去匆匆，思想集中在“行”上面，以较快的步行速度沿街道的一侧行进，争取尽快到达目的地。他们关心的重点在于道路的拥挤情况、步道的平整度、街道是否干净整洁，以及行人过街的安全。除此之外，只有那些特殊的、独特的或者吸引人的元素才能够引起他们的兴趣。

步行购物者通常带着明确的目标，他们会留意商店的橱窗和招牌，时常在街道两旁来回穿梭以寻找想要购买的商品。

散步的人们会在街上漫步，在人群中欣赏风景。他们会关注街上其他人的衣着、商店橱窗、路边小摊和迷人的建筑等。

2. 骑行人群

骑车者每次出行均带有一定的目的性，或赶路或购物或娱乐。自行车在城市道路交通条件下，平均车速为 10～19 千米 / 小时，特别是上下班骑车者，多处于车如流水之中，一般目光注意着道路前方 20～40 米的地方，思想上关心着骑车的安全，偶尔看看两侧的景物，并注意自己的目的地。

3. 机动车的使用者

机动车的使用者除了司机外还有乘客，尤其是坐在窗边的乘客和外地来的乘客，更注重对城市街景的欣赏，特别是外地乘客更希望利用公交看到更多的城市风光，要求设计人员用大尺度来考虑时间、空间变化，同时环境中也需要有特殊的吸引人的景观。城市快速道路减少了人们的距离感，并且将相距较远的建筑物的印象串成一体，形成车窗景观。

对于道路景观设计而言，考虑不同用路者的视觉特点是非常重要的。在各式不同种类的道路上，需挑选一个主要使用者的视觉特点作为设计标准。在步行街、商业街等人流繁忙的路段，我们应优先考虑步行者的视觉需求；

对于有大量自行车通行的道路，景观设计应注意考虑骑车者的视觉习惯；在交通干道和快速路等车速达到50～80千米/小时的区域，则需要添加时间和速度等概念来重新设计城市景观、道路和街区。需要对所有景观进行放大处理，对建筑的细节进行放大处理，采取不同的绿化方式，特别是在快速发展的时候，这种变化程度会更加显著。

一般用路者在道路上活动时，俯视要比仰视来得自然而容易。只有考虑到各种视觉特点，才能正确地应用到设计中去，形成具有当代风格的道路景观。

三、城市道路景观设计要点

（一）城市道路景观构成的要素

构成城市道路景观的要素是多种多样的，其数量与种类上的多样性构成了道路景观的特色。根据各要素的特点，城市道路景观的构成要素大致归纳为道路本体、道路植栽、道路附属、道路活动媒介、远景等。其中，道路本体、道路植栽、道路附属是构成城市道路景观比较重要的要素。

道路本体。道路本体是指道路路面部分，包括路面的线形形式、道路结构、铺装等，是道路形象最基本的构成部分。

道路植栽。道路植栽是指道路的绿化种植形式，包括行道树、灌木隔离带、树池等。

道路附属。道路附属是指依附于道路的相关部分，包括沿街的建筑物、桥梁（天桥）、视觉标识（交通标志、广告牌）、照明、行人使用设施（车站、座椅、路障等）、停车场地，以及邻近的广场和街心公园等。

从地方的特性、道路的规格和使用方法等方面综合考虑，道路自身的特征是创造个性的前提。以一般市民使用道路的印象为依据，城市道路大致可划分为大道、繁华街、大街、后街、小巷（小路）、特殊道路六种类型。

在进行城市道路景观设计时，一方面应当明确道路的类型，另一方面是根据道路的设计要素，设计其个性化特征。不同的道路类型有不同的设计思想，如在设计反映城市形象的标志性大道景观时，应该将其作为城市客厅，避免出现过多体现生活细节的设施小品，这样可以看到真正的城市景观形象。而在小街、小巷这些能体现生活场景的地方，应尽可能地展现自然朴素的韵味，给人以亲切感。

（二）城市道路景观的个性创造

城市道路景观的个性指体现了地域风俗、历史遗存和居民生活等因素所形成的独特文化特征。通过观赏路上的景观，常常可以让人更深入地了解当地的文化和历史，同时也能感受到整个城市的视觉印象。

城市道路景观个性表现在用地特性、道路本身和城市生活三个方面。这些素材与场所相联系，充分发挥特质，便能形成创造性的道路景观。

第一，用地特性的个性表现。道路与山体、水体的位置关系，是反映道路景观个性最好的素材，可以作为街道景观的主题。通过对大自然景观的借景，使其成为城市的标志。

在道路方向没有制约的情况下，一般采用道路正对山体，由沿街建筑和林荫树形成轴线的构图手法，或者沿街设置小型公园、广场等开敞空间，以供远眺山景之用。

第二，道路本身的个性表现。道路的几何构造特征、街道小品、铺装材料及行道树栽种等，都可以表现道路景观的个性特征。在几何构造的街道中，一般采用强调视觉效果的表现手法。

在强调道路凹型纵断面的特殊感受时，考虑在轴线焦点设置视线停留处，或者统一沿街建筑物的高度，或者以绿化街道加强道路的边缘感。街道小品和铺装的材质及栏杆中铸铁的使用要注意结合地域特征，避免程式化。道路两边种植具有地域特点的树木和花草，不仅能够体现城市特色，也可以形成街道的特色。如南方城市多种植榕树、椰树，在强调城市主要道路交通特征的同时，也彰显出南国风情。

第三，城市生活的个性表现。道路景观的创造与人类城市生活的特点息息相关。在传统的自由市场，可以创建具有乡土氛围的道路；在时尚的商业街区，道路可以与休息空间、小型公园、开敞空间结合，进行一体化设计；在居民生活使用的小街小巷中，道路景观可以融入当地住户的街道生活，保留一些民俗特征。

（三）城市道路景观的空间构成要素

道路空间中的基本尺度关系是形成比例和谐、舒适连贯的道路空间轮廓景观的重要元素。

路幅宽度。从道路空间的特征出发，主干道、中央大街都是比较宽阔的大街，如著名的道路巴黎香榭丽舍大道（见图 3-41）、伦敦牛津街（见图

3-42）等。这些道路不仅路幅宽，而且配置了复数列的行道树，并设有人行道，沿街建筑物风格统一，道路景观变化突出。而后街、小街等生活气息浓厚的道路，都是以步行道为主，道路幅宽则比较狭窄。研究表明，幅宽在 10～20 米的街道，沿街的视觉相互连接，对步行者来说是视感觉好、有围合感和亲密感的空间。

图 3-41 香榭丽舍大道

图 3-42 伦敦牛津街

道路幅宽与沿街建筑高度。有关研究得出，道路幅宽与沿街建筑的高度之比（D/H）是保证道路空间的均衡、开放感和围合感的重要指标。D 与 H 的比值越小，道路的封闭感就越强；反之，则开放感越强。当 D/H ≥ 4 时，道路完全没有围合感；D/H = 1～3 时，道路有围合感；D/H = 1～1.5 时，道路有封闭感。在西欧一些中世纪的老城区里，高楼围合成的狭窄的道路与散置在其间的开放广场有机地结合在一起，给人以变化丰富的序列感，D/H 一般在 0.5 左右。

路面景观铺装。路面是人们步行与车辆通行的行为场所，所具有的视觉效果能给人们带来视觉上的舒适性，并赋予街道景观整体的特征。一般来说，除了需要特殊强调的道路，路面应当给人质朴、安静的感觉。铺装材料必须选择具备一定的强度与耐久性、施工相对方便的材料。由图案、尺度、色彩、质感不同的各类铺装材料组合形成的路面，外观形象能够引导人们的活动方向，增加特定的场所感，同时具备鲜明的个性和潜在的艺术形象。

（四）城市道路空间的视觉效果营造

一般来说，直线道路视线良好，通过道路的轴线设置标志性的构筑物达到视觉上的对景，道路空间相对完整协调；曲线道路比较容易与自然地形结合，通过增加一些通透感和视线的引导感，沿道路前行产生丰富的景观变化折线道路视线缺少开放感，但是弯道的景观变化明显，设置一些标志性建筑物，形成戏剧性和连续性的景观效果。为了有效地利用城市现有土地，经常采用的办法是高架、半地下、地下等立体构造形式。在道路、河川、运河、建筑物及公园的上空架设道路时，应当注意出入口的景观设计与周围环境相结合。

（五）城市道路景观界面

1. 城市道路景观界面的含义

城市道路景观界面是指根据自然界生物学原理，通过使用自然（如阳光、气候动物、植物、土壤等）或人造材料，可以创造出让人感觉到舒服自然的物质环境。大众行为心理学认为城市道路景观界面设计应从人的心理感受需要出发，根据人在环境中的行为或者心理、精神规律，再加以视觉的引导、文化的塑造，可以打造出一个积极向上、赏心悦目的精神环境。

2. 城市道路景观界面的分类

城市道路景观界面的分类方法很多，可以从道路建筑空间层面、道路景观构成要素层面、道路景观界面的物质属性等方面来划分。

城市道路景观的构成要素可以分为自然景观界面和人工景观界面两类。自然景观界面是指地形、地貌、水体、树木等要素。具有特色的自然景观可以强化和突出城市街道的地域特征，如大连、青岛，重庆。城市道路如果能结合自然景观要素进行设计，会使空间景观更具地方特色。另外，作为软质景观的水体也可以作为道路景观的界面。

3. 城市道路景观界面设计

现代城市道路设计首先应和城市发展的规划理念与思路相结合，应充分考虑城市规模、区位特点、人口数量与分布、经济发展水平等因素。

大型城市和中、小型城市在道路空间的设计要求上是不同的。因此，城市中不同的主干道、次干道、步行街的空间及景观界面也是有不同的功能要求和视觉感受的。环境空间主要包括线性和区域两方面。线性环境空间通常是指街道及街道与河流的复合空间形态；区域环境空间一般是指与街道有着紧密联系的节点环境空间，如城市广场、街心花园、各种机关单位、住宅小区等。它们内部都有各自的空间环境和功能布局，但和外部街道都有直接的联系。

从城市景观空间的结构形态来看，线性和区域景观空间是构成城市外部公共空间的主要内容，形成城市景观空间的形态特征。随着人类社会的不断发展、城市人口的增长、城市的扩张，城市交通问题日趋突出，城市道路从平面化向高速化、立体化方向发展，高架道路成为当今解决城市交通问题的方法之一。一些新建城市的城区道路采用了平面隔离、立体交叉和上下分层的设计理念。如今，在许多城市中，我们可以欣赏到俯瞰高架桥、遨游景观大道、穿梭地下隧道等独具特色的城市景致。

（1）道路中的建筑界面

建筑是道路景观界面中最重要的因素之一。它不仅是围合道路空间的界面，而且影响着整条道路的视觉景观形象。日本建筑师芦原义信在《街道的美学》中写道："街道按意大利人的构思两旁必须排满建筑形成封闭空间。就像一口牙齿一样由于连续性和韵律而形成美丽的街道。"[①] 由此可见，建筑是城市道路景观界面的主体。道路两侧的建筑形态决定了街道景观的主体风格，如具有欧洲古典风格的法国香榭丽舍大街，具有现代风格的美国曼哈顿时代广场大街（见图 3-43），具有浓郁中国风格的北京长安街（见图 3-44）。

① [日]芦原义信：《街道的美学》，《广西城镇建设》2013 年第 6 期，第 131 页。

图 3-43　美国曼哈顿时代广场大街

图 3-44　北京长安街

建筑所采用的外观、形状、颜色、材料和装饰技巧等方面会影响它的风格。如果在同一或相似风格下建造建筑，很可能形成一致的城市景观。此外，连续且一致的建筑风格有助于加强城市街道景观的整体性。

建筑设计的发展受到了科学技术的极大推动。由于各种建筑形态、风格和用途的出现，其外观也就不再像传统建筑那样呈现较为一致的美学形式，而是呈现出多样性。现代人们的生活价值观和审美追求也正好支持着城市道路两侧建筑形态的多样性和个性化。

道路是一种廊道和线性的空间，而建筑物不仅仅是作为个体而存在，它应该在整条道路中通过形态构成的相关要素来求得和谐与统一。中国传统建筑和西方古典建筑都在形式与风格的统一上做得比较完美，如山西平遥的历史街区（见图 3-45）、清代风格的南京夫子庙商业街（见图 3-46）和民国建筑风格的南京 1912 休闲街区（见图 3-47）、云南丽江的历史街区（见图

3-48）等，都表现出浓郁的传统文化和地域性风格特点。意大利佛罗伦萨的街道（见图 3-49），同样也表现出西方古典主义建筑风格和传统文化的特色。

图 3-45　山西平遥历史街区

图 3-46　南京夫子庙商业街区

图 3-47　南京 1912 商业街区

图 3-48　云南丽江历史街区

图 3-49　意大利佛罗伦萨街道

在现代城市环境中，传统街道与现代景观道路并存，不同交通条件下的道路两侧建筑物界面设计要求是不一样的。例如，城市中宽敞的快速机动车道或景观大道，两侧的建筑物一般体量较大，人的视线较开阔，道路两侧建筑的风格、形态及轮廓线、节奏感能给人一种强烈的视觉感受。因此，道路两侧地标性建筑的设计显得格外重要，道路中的标志性建筑形象鲜明，能成为此道路景观的高潮和特色。面对这种类型的道路景观，建筑物的尺度应与道路相和谐，可采用双重尺度。在道路上运动的汽车中，一般人顺着自己的视线会看到建筑物的上层部分，在道路两侧行走的人群看到的反而是建筑物的下层部分，这样的双重尺度设计手法能够很有效地解决一些道路景观单调枯燥的问题。

（2）路面和道路之间的连接部分

道路景观由许多元素组成，其中之一就是道路路面与周围环境的交界处。道路景观的特色受到道路路面采用的形式、材料、颜色，以及装饰图案等方面的影响，这些因素具有一定的作用。在设计道路路面时，优先考虑其使用功能的要求，也就是要考虑气候和地质条件对道路的影响。道路所选用的材料要具备牢固、耐用、防滑、美观的特点，同时也要考虑人们的心理需求和视觉审美的要求。道路路面的形态设计应与周围建筑环境的整体风格相协调，以达到平衡和加强环境氛围的效果。

道路的设计取决于不同道路的用途及其功能。一般情况下，快速机动车道和非机动车道都是采用柏油沥青铺设的，因此路面质地相对稳定，变化不大。然而，有些城市会对特定的机动车道进行色彩装饰或标示文字，以突出其特殊的功能需求。为了确保城市公共交通系统的有效运作，我们应当在机动车道中设置公交专用道，并使用不同颜色进行标识。

在城市道路中，人行道和步行街路面的变化最为频繁，它们是人们日常接触最多的部分，对人的影响也是最为直接的。

（3）公路或街道两侧的绿化带

城市道路景观的组成部分之一是道路绿化带。城市道路绿地是城市绿地系统的重要组成部分，它们构成了一个网络骨架，可延续城市绿色空间，同时还能对城市生态环境产生积极影响。城市道路绿地能有效减少环境污染，降低噪声，提供遮蔽与降温功能，以及调节城市微气候的作用。

在城市道路上，地方特色的最具体表现形式往往是通过道路绿化实现的，因此，道路绿化的形式和景观效果将直接影响人们对城市的整体印象。道路绿化不仅丰富城市景观，还可以运用不同设计手法，呈现多样的道路景观视觉效果。同时，通过设置绿化带或植物，可以分割和规划交通，提升城市道路的识别度。

随着城市交通的进步和功能的日益完备，城市道路的形态也不断演变。在现代城市中，过街天桥、地下通道、高架快速通道等多种立体型道路设施广泛应用，以更好地满足人们出行的需求。在城市规划中，绿化工作已经开始向垂直方向延伸。垂直绿化已经成为城市道路上一种新的景观形式。有些垂直绿化和建筑物融为一体，有些则与立交桥紧密结合，为城市带来更加丰富多彩的景观。垂直绿化极大地丰富了道路绿化界面的内容，增加了道路景观的连续性和多样性。一个城市景观的优劣，除了取决于人造构筑物，自然环境的保护与完善、城市道路绿化的成果也起到了重要的作用。例如，著名旅游城市新加坡，市区的主要道路均为林荫大道，行道树排列整齐，浓荫蔽日，街道成为城市中的绿色走廊。南京是“六朝古都”，有着优良的自然环境和气候条件。20 世纪 20 年代，孙中山先生建都南京时，在中山码头到中山陵这条城市主干道两侧栽种了法国梧桐。经过几十年的生长，这些梧桐树形成独具特色的绿色廊道，给人们留下了深刻的印象。德国杜塞尔多夫国王大道（见图 3-50）是世界上最优雅的购物大街之一。国王大道的中间是一条水渠，两旁是栗树大道，东侧大道布满了世界顶级奢侈品牌专卖店，西侧大道是银行等金融机构。两侧大道由几座铁艺栏杆组成的桥连接，水道两侧树木郁郁葱葱，摆放着长椅供人们休息，美不胜收。

图 3-50　德国杜塞尔多夫国王大道

第三节　城市滨水景观设计

一、城市滨水景观概述

通常所说的滨水区域是指地处于海、湖、江、河等水体与陆地的交界处，也称为“水岸交界带”。城市滨水区通常是指紧邻海、湖、江、河等水域的城市陆地，经过规划和建设后呈现出较高的观赏价值和使用价值，这类区域可被视为城市公共绿地的边缘地带。

城市和城市文化的诞生都离不开水域，水域作为一个重要因素，在一定程度上促进了城市的发展。大多数著名城市的繁荣都与一条著名的河流有关，例如，英国伦敦与泰晤士河，泰晤士河（见图 3-51）发源于英格兰西南部的科茨沃尔德丘陵，全长 346 千米，横贯英国首都伦敦与沿河的十多座城市。

图 3-51　泰晤士河

黄河是中华民族的母亲河。早在远古时期，原始先民就生活、奋斗和繁衍在黄河流域。半坡遗址位于陕西省西安市浐河东岸，是黄河流域一处典型的原始社会母系氏族公社村落遗址，属新石器时代仰韶文化。黄河最大的支流渭河，从甘肃省渭源县鸟鼠山（见图 3-52）出发，途经陕西关中地区，在晋豫陕三省交界处注入黄河。千年渭水奔流不息，养育了天水、宝鸡、咸阳、西安、渭南等城市，造就了恢宏的秦汉雄风和辉煌的大唐盛世，奏响了一曲古老而现代的赞歌。八水绕长安（八水是指：渭、泾、沣、涝、潏、滈、浐、灞八条河流），成就了古都长安的十三朝历史，成为中国历史上建都朝代最多、历时最长的著名古都。

图 3-52　鸟鼠山

城市的滨水区是非常重要的公共开放空间之一，它同时融合了自然和人工景观，对于城市具有独特而重要的意义。

滨水景观建设的成功不仅可以加强市民的地域认同感，而且能打造出迷人的城市容貌。建设城市沿岸地区具有极为重要的意义，它可以提升城市环境质量，展示城市特色文化和历史内涵，同时也对城市的可持续发展起到促进作用。城市滨水规划设计的主要目标是将人工建造的环境和当地的自然环境相结合，充分利用当地的滨水资源，创造具有特色文化、特色环境、特色建筑、特色设施的滨水城市景观。此外，该规划也力求增强人与自然之间的和谐，打造一个科学、合理、健康、完美的城市布局。

（一）城市滨水空间的发展

城市滨水区是城市文明的发源地，也是人类文明的发源地。在早期的城市中，水体作为城市生活和军事防御之用而存在。良渚古城遗址（见图3-53），位于杭州市余杭区境内。中国古代良渚城外围的大型水利系统，是迄今为止国内最早的水利工程之一，同时也是全球最早的堤坝系统之一。该结构由11条人工坝体（分别为山前长堤、平原堤坝和谷口高坝）以及自然山体和溢洪道组成。据初步计算，此水利系统形成的水库面积约为12.4平方千米，库容量超过6000万立方米，该系统影响的区域面积约为100平方千米。

图3-53　良渚古城遗址

白起渠（见图3-54）是古代汉族劳动人民创造、修建的军事水利工程，建设时间比著名的都江堰水利工程还要早23年。这条长渠西起湖北省南漳县谢家台，东至宜城市郑集镇赤湖村，蜿蜒49.25千米，号称“百里长渠”，至今仍灌溉着宜城平原30多万亩（1亩约等于666.667平方米）良田。2018年

8 月 13 日，在加拿大萨斯卡通召开的国际灌排委员会第 69 届国际执行理事会上，湖北襄阳白起渠（又名“长渠”）被确认成功申报为世界灌溉工程遗产并予以授牌。“华夏第一渠”白起渠成为湖北省首个世界灌溉工程遗产。

图 3-54 白起渠

公元前 256 年，战国时期秦国蜀郡太守李冰率众在距成都 56 千米、成都平原西部都江堰市西侧的岷江上修建了大型水利工程——都江堰水利工程（见图 3-55）。以历史悠久和非坝引水的方式而闻名的都江堰是世界水利文化的开创之一。这个项目包括鱼嘴分水堤、飞沙堰溢洪道、宝瓶口进水口三个主要部分，以及百丈堤、人字堤等其他配套工程。这些措施通过科学的方式，实现了江水分流（鱼嘴分水堤进行四六分水）、沙土排放（鱼嘴分水堤进行二八分沙）和进水量控制（由宝瓶口和飞沙堰负责），从而有效地防止水患。它除了是中国传统水利工程技术的杰出成就外，还是全球水利工程的杰出代表。在建设都江堰时，出发点是在充分利用自然资源为人类效劳的前提下，将自然资源的负面影响转化为积极贡献，而不是对其进行破坏。都江堰水利工程代表了中国古代人民的智慧，是中华文化的杰出成就。

图 3-55 都江堰

在中国古代，人们并没有过于注重城市景观与水域的相关性，而是将城市滨水区建设的理念扎根于传统的风水学和儒家生态哲学。通过崇尚自然和天人合一的观念，推动城市滨水区环境的改善。在城市建设中，强调将自然环境与城市融合在一起，致力于创造多样化的滨水景观，以使城市风景与自然风光相互映衬。或许可以这样说，古代城市的水岸景观可能是受到传说中黄帝人间行宫昆仑山和蓬莱仙山的启发而形成的。据传说，周文王开始着手创造滨水景观来建立城市。秦始皇在渭水边建造了宏伟壮观的阿房宫（见图3-56），创造出了“一池三山”的独特滨水景观。

图 3-56 阿房宫

汉武帝开辟了上林苑，为中国城市建设添加了滨水园林景观。接近四百年的战乱在隋唐时期告一段落，全国统一后建立了一个前所未有的封建帝国，中原地区的经济得到了恢复和蓬勃发展，文学艺术也随之蓬勃发展。隋唐时期与西域的交流十分密切，推动了不同民族之间的文化与艺术交流。在传统艺术中，佛教和西域异域文化以及南北朝时期的浪漫氛围被巧妙地融合在一起，形成建筑艺术上兼具理性和浪漫特质的盛唐风格。中国城市在政治、经济和文化背景下迅速发展，尤其是唐朝都城长安的园林滨水景观建设，成为中国城市滨水景观快速发展阶段的一个代表。

在宋代，人们开始崇尚山水自然美，这种美存在于原始的自然景观之中。文人、士大夫们非常推崇山水的美感，将其视为一种纯粹美的客体，可以在这样的自然景色中放松心情，达到心灵的净化和涵养。中国古代社会受到了深远的影响，使得山水审美意识得到了不断的发展和提高。因此，山水美术成了中国古典艺术宝库中不可估量的一笔财富。中国古代城市滨水景观的兴盛在东京（今开封）艮岳、苏州沿河和杭州西湖景观的建设中得到了发展。

在明清时期，中国社会保持了长期的稳定，同时社会经济蓬勃发展，城市建设也得到了迅速推进。在明清时期，文人们仍然喜欢风雅的生活方式，但同时也开始重视内心精神的追求。他们继承了前辈的理性思维与浪漫情怀，承托了汉唐的传统，同时汲取了自然之趣及文化特色，筑造了丰富多彩的水岸景观。中国城市滨水景观的发展进入了一个新的繁荣时期，其中北京市园林滨水景观和江南城市滨水景观建设是主要标志。

自鸦片战争后，中国的社会形态逐渐演变为半殖民地半封建社会，封建经济体系开始逐步解构。但是社会动荡不安，经济发展缓慢，同时也受到帝国主义列强的残酷剥削和独断压迫。中国历经多年的战争，致使城市滨水区景观的发展遭受挫折。

20 世纪 80 年代起，信息技术的普及推动了人类社会进入信息化时代，城市生活也因此发生了翻天覆地的变化。这些变革为滨水区的振兴打下了技术、物质和思想基础。随着水处理技术的进步，水体污染得到了有效的减少，滨水环境得到了显著改善；城市居民的闲暇时间增多，同时他们对环境的认识也在提高，导致城市中水体、绿化等自然要素的重要性不断得到重视。因此，城市滨水区再次成为人们注意的中心。中国现代城市滨水景观的恢复得以启动，其中以上海外滩（见图 3–57）、杭州西湖（见图 3–58）、武汉东湖（见图 3–59）为代表。

图 3–57 上海外滩

图 3–58 杭州西湖

图 3-59 武汉东湖

（二）城市滨水景观的发展

纵观世界各国，自 20 世纪 70 年代以来进行的滨水区景观开发，均受到经济、社会、环境、文化等因素的影响。

1. 经济因素

城市在开始选址建立时，水源往往是主要考虑因素。水源不仅是人类赖以生存的生命线，而且在交通上也起到了一定的作用。自从工业产业结构发生调整，同时加上现代交通运输的进步，水体在交通上的影响也发生了变化。

首先，靠水运为主的工业在发达城市都出现了衰落。最早的滨水工业，如面粉加工业、燃煤发电厂等都发生了生产技术流程上的变化，原先占有城市滨水地区的工业用地便空置出来。随着世界经济全球化，一些工业生产迁移到发展中国家，如美国、德国的不少制造业都迁移到了南美洲和东南亚地区，城市里的工业地区，包括滨水工业地带，都出现了空置。

其次，随着高速公路和集装箱的普及，内河水运逐渐式微。随着技术的不断进步，码头作业效率得到了显著提高，因此用地面积得以缩减。随着大型集装箱船的吨位增加，它们需要更深的水位来停泊，因此港口被迫向深海迁移，使原先浅水的内港区闲置。例如，美国费城的港口是在 20 世纪 60 年代兴建的，1995 年正式停止使用。凡此种种，在经济结构转型后发展起来的高科技新工业基上落户在郊区，城市滨水地区的工业用地、港口用地、铁路用地都大量空置，需要寻找新的用途。

最后，正是由于城市滨水地区相对的低地价和优良的区位，促进了各国城市都纷纷转向滨水景观的开发，政府希望以滨水地区的开发来带动城市经济的发展和振兴。

2. 社会因素

20 世纪 90 年代，时任联合国秘书长布特罗斯·布特罗斯 - 加利（Boutros Boutros Gali）宣布“世界进入了全球化时代”。同时，全球文化对旅游、休闲和户外活动的提倡也导致了对开放空间的需求增加。濒临水域的滨水地区，视野广阔，适合于旅游观光、体育锻炼以及进行各种户外活动。滨水景观拥有独特的美丽景色、深厚的文化积淀和与大自然融为一体的生态环境，成为人们放松心情、享受愉悦的场所。社会对城市公共开放空间的重视和需求，促使政府和市场建造更多的公共开放空间。

由于旅游业的发展，促使公共节假日在城市中的重要性上升。政府和市场为了利用节假日来推动经济、触发商机，滨水地区的开发也和购物、餐饮、休憩等相结合，在有条件的地点，还和历史古迹、文化内容的开发相结合，如巴黎塞纳河旁的奥赛博物馆就是由巴黎老火车站改造而成的（见图 3–60）。

图 3–60　巴黎奥赛博物馆

3. 环境因素

从人类发展的本质来看，滨水环境对于人类有着一种内在和持久的吸引力，是吸引人类聚居的主要区域之一。当人类进入工业革命时期，为了追求最大的经济利益，滨水带周围布满了工厂、仓库、码头，水体受到严重污染。

21 世纪，随着人们环保意识的增强，工厂和码头的迁移，西方发达国家将保护生态环境作为现代城市建设的核心理念，环境治理的成效终于显现，水体变得清洁，空气变得纯净，“近水”“亲水”重新成为一种吸引力。

中国作为发展中国家，在城市建设上，也适时提出了建设“园林城市”“山水城市”“生态城市”的发展理念，共融共生成为处理城市与滨水区关系的重要手段。生态城市建设，环境治理战略的推进，促进了城市滨水区利用发生

"质"的转变。治理水体、改善水质、美化环境，成为城市滨水区发展的态势。南京的秦淮河，长期以来由于水体污染而被当作城市的"包袱"。但经过近几年整治，水体及周边环境得到一定的改善，沿河两岸很快成为城市开发的热点。

4. 文化因素

20 世纪 70 年代，西方发达国家对历史文化保护的热情开始上升，在文化上有了更高的要求。人们对那种单调、简单的方盒子建筑形式感到厌倦，开始从怀念传统建筑的艺术性和富有人情味转向修复历史建筑物。历史古迹和文化旅游的兴起，也引起了政府部门对历史建筑保护和开发的兴趣，从而为维修历史建筑提供了经济支持。这种对历史建筑的兴趣反映在滨水地区的开发上，以 20 世纪欧美国家对河流两岸的旧仓库、旧建筑的修缮热为实践案例：巴尔的摩内港区把原来的发电厂（见图 3-61）改成了科学历史博物馆（见图 3-62）；新加坡在克拉码头改建中保留了原有东方特色的旧建筑，现在这条东方式的商业街成为最吸引游客的场所之一（见图 3-63、图 3-64）。

图 3-61 巴尔的摩内港区改造前

图 3-62 巴尔的摩内港区改造后

图 3-63 克拉码头改造前

图 3-64 克拉码头改造后

（三）城市滨水景观功能

城市滨水景观不仅体现着城市的文明，还展示了一个城市所拥有的历史文化内涵和外延。同时，滨水景观对于城市的形象、价值及游憩方面也具有积极的作用。

1. 形象功能

城市滨水景观除了因人工形式而产生的美感，也蕴含自然生态系统富有生命力的美。因此，滨水区成为展示城市独特形象的窗口。如上海外滩（见图 3-65）、杭州西湖、纽约曼哈顿金融贸易区域（见图 3-66）的滨水景观都成为城市的形象代表。

图 3-65　上海外滩

图 3-66　曼哈顿金融贸易区域

2. 价值功能

城市滨水景观的价值功能主要表现在对城市发展的推动作用上，一般由文化价值、经济价值和社会价值组成。滨水景观是城市文明延续的载体、平台和外在的体现，滨水景观的改造不仅反映在改善城市环境、净化空间、树立形象、吸引游客上，还反映在拉动了城市产业结构的发展方面，是城市可持续发展的主要因素之一。

3. 游憩功能

城市滨水景观为人们提供了游玩、观赏、娱乐的场所。滨水景观之所以成为人们修身养性、感受愉悦的场所，是因为其有着特有的美丽景致和丰富的文化底蕴，以及与自然和谐共存的环境。

二、城市滨水环境景观设计

我们在感受景观时，并不是简单地通过将一个个景观片段叠加起来，而是站在空间角度，多维立体地去观赏它。滨水空间具有线性和边界特性，因此它成了城市景观中最具特色的组成部分，滨水边界以其连续性和可观性的优势令人流连忘返。滨水景观在设计之初就要把握其要达成的两个目标：一是要保证与水域具有良好联系，通过内部的布局，使空间变得开放通透；二是要提供广阔的水域视野，以便更好地展示城市群体景观。滨水景观一般是一个城市的重要景观。

（一）城市滨水景观的构成要素

在这个庞大的滨水景观系统中包含诸多的构成要素，其可以分为两大类，即显性的物质类型和隐性的精神类型。两者应完美结合，以达到一种“人在画外，犹在画中”的诗意之境。

1. 物质类型

物质类型是指一切可以被视觉感受的部分，如水面、堤坝、码头、水榭、亲水平台等，它们的集合体共同决定了滨水景观的外貌和视觉的第一印象。

2. 精神类型

精神类型是指依托于实体之上而被人们的思想所感知的情绪、情感、意境等元素，不同文化背景的人群将感受到不同的精神属性。

（二）城市滨水景观的类型

丰富的地形地貌产生了各种形态的滨水区域，为城市滨水景观提供了物质基础。滨水景观的类型大致可分为 3 类，分别是水体景观、衔接景观和岸上景观。

1. 水体景观

水体景观是指因水系流经地表而自然形成的“流水地形”所包括的水体、地形和较少受人为影响的自然景色。其风格淳朴、自然面貌原始、生物多样，是滨水景观最大的看点和核心景观。

2. 衔接景观

衔接景观是指位于水体景观和岸上景观之间起衔接作用的景观，包括自然景观和人造景观。例如，滨水绿带、广场、沙滩、驳岸、长堤、码头等，这些景观给人们提供了一个近距离接触水、亲近水的平台。衔接景观应具有亲水性、舒适性和环保性等特点。

3. 岸上景观

岸上景观是指滨水区域附近的地上景观，或称为“人工景观”。它是一种非自然形成的景观，完全由人类活动所创造。岸上景观主要为滨水景观提供了烘托氛围的作用，由此构成城市景观的主调。岸上景观具有自然山水的景观情趣和公共活动集中、历史文化丰富的双重特点，是导向明确、渗透性强的城市公共开敞空间。

（三）城市滨水景观设计概要

1. 滨水与自然环境的融合

水作为自然资源被保留在江、河、湖、海、湿地、沟渠、土壤、地下等“容器”或物质中，而水又是流动的，形体是多变的。一个自然的地表水系并不只是一个线性的结构，它就像一棵枝繁叶茂的大树，有着众多的分枝与根系。城市中纵横交错的水网都需要足够的空间来适应水流的变化，同时也为滨水流域的动植物提供了丰富的生存场所。因此，滨水景观设计的对象不仅是滨水的界面，而且是复杂的滨水空间和岸线系统。

中国的大多数城市人口密度较高，在城市建设的过程中，应遵循将城市与景观高度融合的空间发展模式。城市的发展既需要保持安全的水位，又需尽可能保留足够的、洁净的地表水，以保持生态的平衡。

滨水设计的首要作用在于保持尽量多的水体在地表。在对重要的资料如水文、土壤、滨水生态状况、交通和各项设施的规划，以及经济发展的可行性等有了充分了解后，还需综合考虑地表水的容量和面积、自然净水的能力、生态水岸等方面因素，形成一个综合的设计方案，以实现城市与景观的真正融合。

2. 具有滨水景观特色的建筑

整个水域的空间形态如何，在很大程度上取决于滨水区沿岸建筑的形式和风格。滨水区是一个公共区域，其临界面的建筑在密度与形式上要考虑与城市整体景观的契合性与美观性，在视觉上看起来需要是通透开阔的。

出于以上考虑，滨水区沿岸建筑要保持低密度，除此之外，要与周围整体建筑形式相结合，也可以通过布置屋顶花园来完善绿化系统，使整个景观的空间布局更加丰富。为了使滨水区达到良好的自然通风，还可以选择将底部架空的方式，以便滨水区的自然空气向城市流通，提高城市的空气清新度。

在考虑建筑物的高度时，不仅要使其符合城市总体规划要求，而且要具体分析滨水区的环境特点，在滨水区沿岸设置最恰当的观赏地点，要保证沿岸建筑的美观性，以达到观赏目的。

在考虑沿岸建筑以及街道的布局时，要把握两方面，一方面是道路不能复杂，要给观赏人群提供便利，以便其能快速到达滨水区进行各种观赏活动；另一方面是要提前测量好周围的交通流量和大致风向，以便在街道布局时可以最大程度地避免交通拥堵和气温过高的问题。

滨水区景观受到建筑的形式和风格的影响。作为一个开放的区域，滨水区的界面是沿岸建筑物所构成的。城市两岸的景观呈现了更加丰富多彩的外观，不再只是简单的轮廓线。在建筑设计方面，需要考虑与周围建筑的协调一致，创造出和谐、美观的形态。

3. 滨水区与交通元素的体现

城市滨水区景观与道路之间的联系密不可分，道路的设计需要在符合城市规划要求的前提下与滨水区的景观相融合。滨水区景观中的道路需要兼顾水陆交通的衔接和车流人流的分离。除了交通道路外，滨水区景观中还拥有许多辅助交通枢纽，如码头和桥梁。滨水地区景观中，这些独特的元素是最引人注目的部分。

桥梁在跨河流的城市形态中具有与众不同的作用，因为它们连接着两岸的景观，将它们融合成一个完整的整体。桥梁经常成为城市的明显地标，这是因为它们的独特位置，尤其是细致的结构以及不同的视野所形成的。城市桥梁之美不只在于其造型独特，更在于其成功地将桥梁形态与两岸城市环境、水道自然景观特色融合为一体。因此，我们应该意识到城市桥梁在营造空间形态上的重要性。巧妙地将具有显著特点的桥梁与地形、建筑及周围环境的要素相结合，可以创造出各种各样的景观效果。

码头是滨水区独特景观中的主要组成部分。这个地方不仅扮演着交通枢纽的角色，而且赋予了滨水区独特的文化内涵。寻觅江南水乡的历史遗迹时，难以回避许多小桥和河道边的码头。这些码头给人们的生活带来了方便和快乐。这些码头曾经是人们清洗蔬菜和衣物的地方，孩子在这里嬉戏玩水，此外它还是人们出行和物资运输的交通枢纽。在现代城市生活中，这种直接面对自然的交流方式已经相当罕见。

城市滨水中有了水和船就更具活力，而河流中往来穿梭的船，会给人们留下鲜明的印象。人们到威尼斯旅游乘坐“贡多拉”不只是为了体验当地人的生活，更重要的原因是只有在“贡多拉”上才能真正感受到威尼斯这座城市的历史与文化（见图 3–67）。在水乡乌镇（见图 3–68），只有登上篷船才能体验到水乡的生活与魅力。

图 3–67　威尼斯“贡多拉”

图 3–68　水乡乌镇篷船

4. 滨水区景观空间层次的创造

在人们的脑海里，城市滨水空间的景观通常是一幅美丽的画卷，滨水区不仅有较开阔的空间，而且有着丰富的景观层次。为了能够达到预期的景观设计效果，最重要的一点就是要保留河道的自然流线，如果河道笔直，一览无余，空间层次必然要削弱，“曲径通幽处”这句话很好地诠释了空间层次的本质。景观空间层次的创造还在于滨水空间节点的合理规划和布局，以及河流两岸景观层次的塑造。

5. 滨水用地结构的更新

城市中的大多数滨水区不仅有着丰富的自然资源，具有优美宜人的景观环境，而且是市民向往的休闲娱乐场所。它与周边的自然环境、街道景观、建筑物构成有机的整体，并对当地的文化、风土人情的形成产生一定的影响。因此，重新评价滨水区所具有的价值，对具有多种功能的滨水区用地结构的规划和更新有着重要的现实意义。

6. 滨水景观特色魅力的体现

河流的魅力可以分为两方面，即河流本身及其滨水区特征所具有的魅力，以及河流的亲水活动所产生的魅力。从河流滨水的构成要素来看，这些魅力主要包括河流的分流和汇合点、河中的岛屿、沙洲、富有变化的河岸线和河流两岸的开放空间，河流从上游到下游沿岸营造出的丰富的自然景观，还有河中生动有趣的倒影。沿河滨水区所构筑的建筑物、文物古迹、街道景观以及传统文化，都显现出历史文化和民俗风情所具有的魅力。河水孕育了万物，是生命的源泉，充满活力的水中动物表现出生命的魅力；河流滋润了河中及两岸滨水的绿色植物，不同的树木和水生植物表现出丰富的美感，营造出无限的自然风光，是河流滨水区最具魅力的关键要素。当人类在滨水区从事生产、生活、休闲娱乐时，滨水区的魅力从人们愉悦的表情中充分体现出来。

7. 沿线绿带构建滨水空间

①滨水区的空气和环境质量都比较好，有清晰广阔的视野。可以在滨水区的沿线设计一条公共绿化地带，这一绿化带应该是连续的，其功能要具有多样性，同时要注意与滨水区景观的生态性相结合，打造出一个可供市民和游客观赏、游玩的公共区域。

②要保证滨水区功能的多样性，如可供人们散步的小路、可供游玩的广场等，此外，还可以结合人们的具体需要设置儿童娱乐区、垂钓区、观景台等富有特色的区域。可采用“点线面”相结合的手法进行设计。点——指这条线上特别值得参观的地方或景点，包括重要的建筑等。线——一条不中断的贯通整体的脉络，以林荫道为主要特征。面——在这条线周围延伸的宽敞绿化空间，围绕着这条主线展开，如中心广场、公园等。这些户外空间可以与拥有文化、娱乐和服务性质的建筑物相互融合。

③在滨水区应种植多种多样的植被。这种群落的物种多样性极为丰富，

表现出极强的环境适应能力，非常适合作为城市野生动物的栖息地。这些植物不仅可以改善城市环境和保持生态平衡，同时也为城市带来了多样化的美景并提供了休闲娱乐场所。另外，增加软土地和植被的覆盖率，种植高大乔木，以达到遮阴和减少热辐射的作用。在城市的滨水区，我们应当采用自然化设计，把植被的种植安排得像自然植物群落一样具有层次结构。

④在驳岸的处理上灵活考虑。针对不同的地段和用途需求，驳岸设计可分为多种类型，如自然型驳岸、生态型驳岸等。除了保护堤坝防洪的基本功能之外，生态型驳岸还可以发挥治理洪涝灾害、缓解水资源枯竭、调节水位的作用。这种驳岸还可以促进水体自我净化，同时对于保护河流生物的多样性具有重要的作用。

在河床较浅、水流较缓的河岸，种植一些水生植物，在岸边多种柳树，可以形成蔽日的树荫。这种植物不仅可以起到巩固泥沙的作用，而且树木长大后，可以控制水草的过度生长，减缓水温的上升，为鱼类的生长和繁殖创造良好的自然条件。

城市滨水河流一般处于人口较密集的地段，对河流水位的控制及堤岸的安全性考虑十分重要，采用石材和混凝土护岸是当前较为常用的施工方法。这种方法既有优点，又有缺陷。在这样的护岸施工中，采取各种相应措施，如栽种野草，以淡化人工构造物的生硬感；在石砌护岸表面，可以有意识地做出凹凸，这样的肌理给人以亲切感，可以在一定程度上消除人工构造物特有的棱角。在水流不是很湍急的流域，采用干砌石护岸，可以给一些植物和动物留有生存的栖息地。

8. 滨水景观人文特色的体现

科学技术和信息化技术的全球化，影响人类社会生产生活的方方面面，给人类社会带来的进步与发展有目共睹，但结果却大大推进了场所的均质化。均质化的象征就是“标准化”“基准化”“效率化”，作为城市整顿建设的目标，千城一面成为市民对我国城市建设的善意评价，城市化的进程使得人类正在遮掩体现生命力的痕迹。

在全球化的今天，学术界谈论最多的是民族性、地域性和个性化，作为城市环境的个性化特色，包含自然景观的特色、历史的个性、人为形成的个性，这些个性化特色是构成滨水区景观特色的要素。南京秦淮河滨水区石头城公园（见图 3-69）是滨水区的其中一段，沿河一侧环绕着具有几百年历史的明城墙，这些遗迹充分展示历史的特色与价值。而由特殊的地形地貌所形成的人脸造型又赋予了滨水区更多的传奇故事和人们的想象，形成一种特有的景观特色。将滨水环境特色反映在景观的规划设计中，是设计师需要研究的重点之一。

图 3-69 石头城公园

（四）城市滨水景观设计原则

1. 环境优先原则

城市滨水景观设计必须遵循“生态景观学”的原则。人类与滨水空间和谐共生的前提条件是有一个洁净、安全的水体和水边环境。因此，对生态环境的修复和保护是一个不可或缺的前提条件。城市水系格局及周围的地形地貌特色也是构成城市自然风貌的重要资源，将城市融入自然山水之中，可以形成富有特色的城市景观，提升城市形象。

2. 以人为本原则

以人为本要满足人的参与性、服务性、趣味性、可达性、公平性等需求。参与性是指滨水景观提供了可参与的体验和互动性，不再只是一个被观赏的景象。服务性意味着滨水景观除了植物和园林景观之外，还应该提供一些必要的设施，以满足人们的需求。趣味性体现在滨水景观设计中，不仅应注重营造壮丽宏伟的景观效果，而且应考虑吸引观众、引起共鸣、增加趣味性元素，让人们更加享受其中。可达性意味着滨水景观中的所有区域都能够轻松进入，而不仅仅是将绿地围起来供人观赏。当设计滨水景观时，应考虑到不同使用者的需求，以确保各个社会层面的人都能够享受滨水景观的乐趣，这就是公平性。

3. 由功能决定尺度原则

古典园林是只为少数社会特殊阶层服务的，其中一个设计原则就是“小中见大，咫尺山水”，即“人在画外以观画”，而现代景观设计的成果是供城市内所有居民和外来游客共同休闲、欣赏使用的，因而决定了它要以超常规的大尺度概念来规划设计。

4. 文脉传承原则

城市空间体现着一座城市的文化，其实质上反映了一种地域文化。特别是对一些具有深厚历史文化的古城，设计应根植于所在地方，尊重传统文化和乡土知识，保持城市历史文脉的延续性，适应并延续滨水场所的自然演化过程。在对城市滨水区进行开发和改造的过程中，要考虑到城市的地域特点，以及文化和风土人情等因素，尤其要保护好传统建筑，使滨水区的建筑既与历史建筑相融合，又要具有新特色。城市滨水场所的功能众多，所具有的意义也各不相同，因此，可以从日常活动、社会环境、历史变革、自然环境等方面开发出与众不同的滨水景观。

5. 亲水性原则

在古代社会中，受到技术等方面的限制，人们往往无法与洪水抗衡，因而在建造房屋等建筑物时会将人与水隔开来保证安全。随着科技水平的提高，人们如今已经能够很好地掌握四季中水的涨落规律，因而能够做出相应的举措。因此，现代滨水景观的亲水性设计得以实现。

6. 立体设计原则

比起平面上的变化，垂直方向的变化更能够吸引人的视觉目光。立体设计包括两方面，分别为软质景观和硬质景观。软质景观在布置时要有高低层次，进行立体种植；硬质景观则主要营造空间上的视觉差效果。

7. 技术更新原则

随着科学技术的不断进步，新材料与新技术被运用到现代景观设计中，使其突破了原有材料的限制，实现了质感、透明度、光影等方面的飞跃。

（五）城市滨水景观规划类型

1. 生态保护型规划

这种城市滨水景观的规划理念不应是高密度城市建筑或人工景观的大量堆砌，而是以生态保护为基准，设计“非建筑化”“非城市化”的小量建筑景观。

2. 生态修复型规划

生态修复具有诸多优点，它既可以减少人员、资金等方面的投入，又能够减少对生态系统的人为干预。

生态修复是现代滨水景观规划的一个重要研究方向，如何在生态系统遭到严重破坏的滨水区规划出具有生态修复功能的滨水景观已成为各国景观规划师共同关注的热点问题。

3. 旅游游憩型规划

随着科技的进步、经济的发展，人类社会发展的节奏越来越快，在高度信息化的现代社会，居住在城市中的人们普遍感到生活压力不断增加，因此想找寻一个可以放松平日紧张心情的地方。城市滨水区域的优势自然而然地就展现出来了，它可以为人们提供一个放松心情、休闲娱乐的场所。

4. 城市滨水亲水设施的规划

亲水设施多设置在河流流域的流水部位。在城市亲水设施规划中，首先要考虑河流在不同季节的水位变化。现今各城市在河流整治中，对滨水区河流流域的防洪及水位控制设施进行了综合考虑，使城市滨水区既能满足市民休闲娱乐、美化城市的需要，又能保证城市的安全。如果不能对城市河流水位进行有效的控制，就不能真正实现滨水亲水设施的规划目标。

亲水设施的导入应充分考虑人的亲水活动类型和内容，在了解和掌握河川的特征、特性、魅力等方面的内容之后，对必要的内容和资料进行归纳和整理，并对亲水活动类型进行划分，从而提出亲水设施的规划方案。

（六）城市滨水亲水设施的设计

亲水设施的设计要有效利用形成的河流形态、动势及生态系统的特征，创造能体现地区历史文化魅力的、具有河流自然生态特征的滨水景观。亲水设施的设计前提是对安全性的思考，对使用者舒适性方面的关注；设施在滨水区景观规划中的合理性；河流工程学方面的合理性；建造的经济性和以后管理的便利性等方面的因素。

1. 设施的安全性

一定深度的河流必然会对人产生危险，因此首先要考虑安全性问题，谨慎考虑关于亲水设施设置场所的选择，尽量选择水位浅、水流缓的地段，不在水位较深、流速较大的地段以及有潜在危险的地方设置。如果一定要设置，必须采取相应的安全措施。在河道堤岸较高、较陡的护坡用防滑材料铺设坡道和台阶；在河道存在危险的地段，采用灌木植栽的方法；在条件适合的宽敞地段，把水引到岸上，使其成为静态的浅水池，并对其进行景观处理，或做成园林式的，或做成现代的水景小品，使人更容易近水、亲水、戏水、用水。

2. 设施的舒适性

在进行亲水设施设计时，人性化的关注是设计的重点。设计的亲水设施要具有安全性和舒适性，从视觉上令人产生使用的欲望。要充分考虑河流区域中可能发生的种种现象，如水位的涨落、泥沙的淤积、水生植物的生长、设施的材料是否经得住日晒雨淋、设施结构的牢固性等因素。另外，还应该考虑老人、儿童、残疾人等特殊人群的需求。

亲水设施应根据场所的特点和亲水活动的行为方式，考虑护岸的坡度、踏步的高度和踏面尺寸，护栏、扶手表面的装饰、使用的材质，散步道的线性、宽度等因素。在河道水流较为平缓的地段通常设计人工平台，可以将平台伸入水中，这样更能使人感受到水面的开阔，增强了亲水性，这种人工平台也适合与游船码头设计相结合。

3. 景观设计的合理性

亲水设施的营造是在自然环境中增添人类的聪明才智。对城市滨水景观的开发，是将这些自然因素看作贯穿表现自然的、河流的物理变化的特性，反映城市社会历史、文化的特质及河流区域发展、演变过程的景观。

随着时间的推移，河流也因自然界的变化而不断地改变着自己的面貌，而人们对河流的认识，也会随着社会的发展不断地发生变化。为了能使这种文脉不断传承，充分体现民族特色，表现地域性文化，并将其形象体现在亲水设施的规划设计中，就需要对形象和素材的选择进行认真思考。

4. 河流工程学方面的合理性

城市滨水区景观设计必须符合河流工程学方面的要求，景观设施不得对堤防安全造成影响和威胁。尽量不在河道的狭窄处、河水冲刷强烈的部位、支流的分（合）处以及河流状况不稳定的地方、河水较深和流速较大的地方、拦河坝及水闸等河流管理设施的附近设置亲水设施。

5. 亲水设施的维护管理

要想使城市滨水景观可持续发展，亲水设施的维护与管理也是重要的方面，除了需要管理部门日常加强管理和维护以外，更需要城市市民的爱护。

第四节　城市居住区景观设计

一、城市居住区概述

城市居住区环境是城市的有机组成部分，相对于开放性城市公共空间来说，城市居住区具有社区性和私密性的特征。城市居住区不仅为居民提供了生活居住空间和各项服务设施，而且使城市规划与发展更科学合理，城市变得更加有秩序，更加和谐。自古以来人们就崇尚安居乐业，因此要为人类创造良好的居住环境，满足人们的基本生活需求。

（一）城市居住区的景观概述

1. 城市居住区的定义

《城市居住区规划设计标准》（GB 50180-2018）对城市居住区的定义是城市居住区一般称“居住区”，泛指不同居住人口规模的居住生活聚居地和特指城市干道或自然分界线所围合，并与居住人口规模相对应，配建有一整套较完善的、能满足该区居民物质与文化生活所需的公共服务设施的居住生活聚居地。

2. 城市居住区的界定

居住方式、住宅建筑和周边环境是社会变迁中重要的组成部分，也是其变迁的具体展现。住宅的地区特色非常明显。居住区的演化是为适应当地独特的地理环境和文化需要而形成的，它们源于不同的文化体系，反映了生态、社会、科技和经济等方面的发展情况。因为各个国家拥有不同的地理环境、生态条件、历史文化传统以及经济发展水平，因此在规划与设计居住区方面，各国间会出现不同的方式。

人们的居住行为受到住宅建筑和居住区环境的独特属性所影响。居住区内的空间是一种私密的空间，属于居民的个人领地，与外部隔离开来。为了实现相对封闭的管理，通常会建立集中控制的监视系统。现代居住区更加专注于住宅功能，除了必需的便民设施和社区服务站之外，其他大型公共设施通常不会在居住区内设立，而是由几个居住区共同使用。

3. 城市居住区空间组合形式

我国的居住区规模受许多不同因素的影响，其中包括城市规划、房地产投资、周边道路的间距以及日常生活中的公共服务设施等。因为每个居住区所在的城市位置不同，地形、地貌及周围环境都具有独有的特征，这导致了各种各样的居住区空间组合形式。住宅建筑和周围环境有着许多基本的要求，因此，在进行总体规划、建筑、外观和景观设计等方面时，需要依据具体规则执行。在所有的城市建筑中，设计师都必须考虑住宅建筑方位和通风等问题，这些都是非常重要的因素。

我国的住宅形式繁多，特别是近几十年来，设计师们对居住区的规划和住宅空间的组合形式进行大量的尝试和实践。总结而言，居住区的基本住宅类型可以概括为以下 5 种。

（1）行列式

行列式是指建筑物按照行或列的方式进行有规律的布置。这种组合方式表现出一种整体性和有序感，但它的不足之处在于过于单一和缺乏变化。由于这些原因的出现，设计师已经跳出单一的行列式布局，开始进行探索和创新，从而创造了后行列的形式。通过使用后行列式技术，居住区的原始空间形式得到改变，呈现出更加具有生命力和吸引力的外观。

（2）自由式

居住区的自由式布置方式通常与地形、地貌密切相关。即使布局灵活多变，设计师仍不能忽视交通、建筑朝向和通风等关键要素。

（3）周边式

周边式住宅空间是一种独特的围合式住宅空间，相比传统的街坊住宅布局，更加注重朝向的考虑，并避免行列式组合所带来的问题，以增强空间的围合感和场所感。

（4）院落与组团式

住宅院落是城市基础设施的基本组成部分，也是城市居民的基本生活单元。这种设计方法被大规模小区广泛应用。生活区的规划以院落为基本单位，每个院落都有独特的地形和地貌特征，因此采用了院落两级布局，将居住区分成若干组团。为了使不同组团之间自然连接，设计了道路网。采用院落和组团式优化组合的方式，可增加绿地和活动空间的面积。

（5）绿地式

这类住宅建筑在景观系统中分布较为自由，构成一种住宅嵌入景观类型。该建筑风格注重将景观、建筑融为一体，以达到最佳的景观观赏效果。

4. 居住区景观构成要素

居住区相对独立和围合的空间可能会提高一定的安全性，但完美的居住区应该是在自然环境和景观的完美融合中设计出来的。近几年的实践已经证明了城市景观设计能够以多种积极方式提高社会、环境和经济价值。在城市住宅小区的建设中，这种直接的景观作用十分显著。一旦居住空间问题得到解决，人们则开始关注居住环境的品质。他们会重视室外景观和环境，确保有足够的阳光和空气流通，并以此为基础营造出最美的视觉效果。

居住区要想让人眼前一亮，就需要有全面的景观环境规划设计标准。这些标准需要考虑到许多不同的方面，包括景观设计、户外空间的日常使用以及环境绿化等细节。

居住区的景观主要由两种要素构成，一种是显性的实体要素，物质的构成，如人、住宅建筑、地形地貌、公共服务设施等；另一种是隐性的、无法直接感知的东西，如历史、文化背景等非物质要素。这些景观要素需要与其他元素相互融合，只有在这样的情况下，才能确立其稳定性和内在的含义。

（二）居住区的历史发展

在原始社会，人类生活在与自然相互依存的状态中，他们通过采集、狩猎等方式获取生活必需品，没有固定的居住地，主要靠洞穴、巢穴等提供住处。随着生产力的不断发展和社会进步，人类获得了更加丰富的生存资源。因此，人类逐渐开始了定居生活，这是人类社会发展的一个重要里程碑。由于人们居住环境具有差异性，因此出现了各种不同的生活方式、族群文化、居住区形态。随着全球环境日益恶化，我们迫切需要创造一个与我们的生活和整个地球环境的安全相协调的宜居环境。因而，城市规划设计面临着一个非常关键的挑战。

1. 西方传统居住形态的特点与现代规划思想的演变

在农业时代，人们十分敬畏自然，他们把自己的居住环境设计得像庙宇一样神圣。古埃及这些文明古国的城市，如卡洪城（见图 3–70）和底比斯城（见图 3–71），均以神庙为中心，周边则建有居民区。在古希腊，人与神被视为“同形同性”。他们充满热情地将城邦精神的理念注入卫城山的建筑，同时将城市视为一个小规模的社区，以追求更美好的生活。

图 3-70 古埃及卡洪城

图 3-71 底比斯城

在中世纪欧洲，政治和宗教被区分开来。然而，基督教会的影响已经深入社会生活的各个领域，这导致教区与居住区的合一。在教堂周围居住的人们通过参与宗教活动来建立联系，形成比较亲密且充满人情味的居住环境。这还表明了这一时期的社会组织和秩序非常严密。这种居住模式不仅对欧洲中世纪城市的文化和生活产生了影响，还对西方未来居住区的发展产生了深刻的影响。

到了文艺复兴时期，人们开始更加追求科学精神。在这种新的理念下，城市规划开始注重以人为核心的理智分析，并越来越倾向于使用几何化和图案化的模式来建造城市。

（1）工业时代的探索

随着人类社会进入工业化时代，城市规模不断扩大，但由此带来的环境污染、人口增加、住房不足、交通拥堵等问题也日益突出。尤其值得关注的是，城市居住环境日益恶化。各个社会阶层的人们面对这些问题开始了深入思考和研究。

①回归自然，城乡接合的居住景观形态。“田园城市”理论倡导充分发挥农村和城市的优势，实现两者的有机融合。“广亩城市”指的是鼓励人类回归自然、回归土地，将道路系统融入广袤的农田和乡村，方便人们的交通联系，实现自然与人类和谐共存。“带状城市”主张城市平面布局呈现狭长的带状形态。通过在交通线沿线建设城市，原本分散的城镇能够融合为一个具有活力的城市网络，实现相互连接。这些理论主张利用现代化的交通和道路系统，互相连接多个田园城市，以吸引大城市居民迁居至郊区或乡村。其目的是解决大城市人口过载的问题，实现城乡协调、平衡发展。

②与工业城市发展相适应的新型居住景观形态。许多西方学者认为，城市拥有巨大的经济活力，因此吸引了大量人口。这种趋势被视为一种必然的历史发展结果。随着城市化不断推进，也出现了一些新问题，我们应当在工业条件下探索实用解决方案。著名建筑师勒·柯布西耶（Le Corbusier）主张采用立体交通系统、建造高层建筑和增加城市绿地等措施，创造类似自然环境的生活方式，从而改善城市的生存环境。巴黎拉德芳斯区的规划（见图3–72）是其设计理念的一个典型实例，许多城市也在实践中运用了这一理念。

图 3–72　自凯旋门望向拉德芳斯区

（2）后工业时代的探索

20 世纪 70 年代，人们开始逐渐醒悟，工业时代所带来的幸福和富足只能带来一时的满足感。设计师开始将注意力转向自然和探索其他文化中人与自然的关系，而不再沉溺于对美的形式和优越文化的膜拜之中。这种观念的转变使人们更加推崇在城市周边建造传统城镇风格的新居住区或利用城市中心废弃的旧城区进行重新开发，以塑造更加多元化的，集生活、工作、购物、娱乐和休闲于一体的居住区，突破单一的居住区格局。至今，西方国家仍持续研究新的居住区建设方案，主要形成 3 种具有代表性的实践成果。

①“新传统主义”居住区。基于 19 世纪欧洲和北美的市郊城镇规划设计经验，认为距离市中心适度的近邻乡村是最理想的住宅环境。注重方便行人的设计，以增进邻里之间的交流和加强社区互动。

②“行人口袋式”居住区。致力于解决步行道路系统和外部公共系统之间的整合问题。

③“乡村式”居住区。考虑开发的需求，将乡村原有的规划、形态和环境作为基础，开发出一片居住区域，同时保留部分农田，将居住区与田园景观相融合。

机械世界观是西方近代文明的核心观念之一，在一定程度上影响了人们的思维方式。然而，这种观念也是当前人类面临危机的主要思想源头之一。生态世界观认为，世界是一个相互关系、不断变化的网络结构，人类和自然之间的相互作用也是如此。这一观点正确认识了人类与自然之间的关系，并形成一系列生态学原则。生态城市必须遵循生态学的理念，确保人类与自然系统之间实现和谐共生，以实现城市的可持续发展。

2. 中国传统居住形态的特点与居住区景观的发展

中国古代人民主要依靠农业作为生产和生活方式，他们利用种植粮食和饲养家畜的技术开始定居于村落。随着社会的不断发展，人们逐渐形成多种不同的居住模式，包括传统的乡村居住模式以及城市居住模式。这些居住模式都有自己的特点和发展历史，且受政治体制和传统文化的影响，展现出独具特色的居住特征。以下是中国传统居住形态的两个显著特征。

第一，以血缘为纽带的宗法共同体。

我国封建社会时期，儒家思想对社会造成广泛而深刻的影响。这种思想强调在社会和家庭中恪守礼仪，强调家庭观念，并推动以血缘和宗族为基础的居住形态的发展。在村落社会中，宗族长老负责确立和维持秩序，包括社会生活的各项方面。在村落中可以看到各种规模的祠堂，它们的存在记录了宗教的演变和融合的历史。通常，住宅会集中建在它们归属的祠堂周围。比如在宏村月塘北岸中心，有一座名为“乐叙堂”的祠堂，也叫“众家厅的汪氏祠堂”（见图 3-73），建于明代万历年间，它是宏村唯一的一座祠堂。从商周时期开始，城市就被划分为宫廷区、居住区和手工作坊区。随着时间的流逝，里坊制和街市制的规划体系逐渐健全，城市空间中住宅与商业设施错落有致，共同营造出了充满生机的城市居住景象。

图 3-73　宏村汪氏祠堂

第二，天人合一的思想对居住模式的影响。

中国人居环境理论与中国文化中“天人合一”的理念相同，强调通过调和人与自然的关系，使得天人共荣，实现人与自然和谐相处。在中国，天人合一被视为传统村镇和城市的选址和规划理念，其代表着古代居住方式的理想模式。

1957 年，我国开始建设居住区，采用苏联居住小区的模式作为参考。过去我们只注重在居住区域进行绿化，随意摆放花草和草坪，只把一个小型绿地作为社区的聚集中心，在一定程度上忽略对景观设计的全方位考虑，包括形象、功能和绿化等方面的要素。

在 20 世纪 80 年代以前，我国社会实行计划经济体制，人们对景观的理解还很有限。当时，居住区的景观设计通常包含三个主要要素，分别是绿化、活动场地、园林小品。在这种模式中，环境的设计主要通过对绿地的分层和组织以及环境要素的配置来实现。绿化覆盖率通常是用来评价居住区环境质量的重要标准之一。

我国在20世纪90年代成功推进了住房制度改革，取得了令人瞩目的成果。随着房地产市场竞争日益激烈，住房商品化水平也越来越高。景观设计在如今这个时期迅速发展成为一项重要的营销策略，其目的是提升市场竞争力。人们越来越注重环保，居住区的景观具有重要的人文价值，并成为城市绿地系统必不可少的一部分。人们趋向于将景观、文化和生活方式有机地结合在一起，追求健康、美好、舒适的生活环境。

随着时间的推移，人类已逐步转向以人为本的规划设计理念，而逐渐放弃了传统固化的规划方式。这一新思路将经济、环境和社会利益融为一体，强调将人的日常生活和行为习惯视为居住区规划和设计的核心原则，从而营造出自然、舒适、友好、宜居的环境。我国城市住宅的建设在近些年发展迅速，其对于改善民众居住环境以及促进社会经济发展起到了一定的推动作用。尽管居住区的建设在不断推进，但显而易见的是，各个居住区的发展状况千差万别，特别是在开发和环境景观设计方面，还需要进一步加强。其主要表现在以下5个方面。

①居住区开发的密度过大，超大型居住区比比皆是，而相应的公共配套设施不完善，居住区的交通建设滞后，在一定程度上给居住区市民的生活、工作、出行等造成不便。

②由于经济利益的驱动，大多数房地产开发商将居住区开发密度提高，造成居住区室外公共活动空间减小、绿化率降低，对居住区的停车场设计考虑不够，更没有考虑居住区附近集中式停车场的建设，无法满足可持续发展的需要。

③大多数居住区住宅建筑缺少鲜明的特征，造成千城一面的景象，识别性较差。

④居住区景观的建设出现了两种状况，一种状况是居住区景观缺少科学的规划和设计，有些只是在空地上铺设一层草皮，零零散散地栽种一些树木；另一种状况是居住区景观建设过于追求奢华与烦琐，景观炫目，缺少实用价值，造成浪费。

⑤我国是一个发展中国家，城市居民的生活和居住条件正在逐步得到改善，但和西方发达国家相比，还存在一定的差距。在居住区建设上加大投入的同时，在景观设计上还需精益求精。

3. *居住区景观发展的新趋势*

随着全面、协调、可持续发展策略的不断推行，居民和房地产开发商对居住区景观环境的关注度逐渐提高，呈现崭新的发展方向。

①促进社会交流，减轻居住分异产生的社会影响。将居住区规模缩小或形成独立社区，可维护内部的安宁与安全，且交通流动更为便利。居住区之间道路上将建设更多的公共服务设施，这将使整个经营模式向外发展。不同社会阶层可一同使用某些设施，这不仅提供社交机会，而且能减轻由居住分异带来的社会影响。

②强调环境景观的文化特征，彰显地区独有的特色。近年来，可以观察到居住区景观设计越来越注重历史和文化方面的元素。根据每个地区的独特特征及自然环境，通过建筑和景观设计来呈现历史文化的传承和地域特色。

③强调环境景观具有艺术价值。在 20 世纪 90 年代之后，环境景观设计发生了变化，不再普遍采用“欧陆风情式”设计，包括大面积的草坪、模纹花坛、罗马柱廊、欧式线脚、喷泉和欧式雕像等元素。随着人们对美的要求不断提高，居住区的环境景观趋向历史回归，主张将现代造园技术与古典园林相结合，以打造简洁明快、同时又充满历史文化底蕴的景观设计风格。

④应用先进技术和新型材料。鉴于住宅的能源消耗占总能源消耗的五分之一到四分之一，因此必须注重高效低耗、环保节能、舒适健康和生态平衡等方面，以推动高品质的住宅建筑发展。

⑤将信息化引进居住区带来了安全、方便、舒适的效果。智能居住区最基本的部分是实现安全防范智能化。另外，计算机还可以管理居住区的道路网络和一些其他细节，如监测和评估车辆行驶和停放情况，以便更有效地使用区域内的所有资源。

二、居住区分类与景观设计

（一）居住区分类

按规划布局形式划分，居住区可分为集中型（规则地划分成小区或街坊）、分散组团型（由组团或邻里单位较为自由组合）等。

按建筑密度形态划分，住宅可分为低层住宅（独栋别墅、双拼和排屋）、多层住宅（4～6 层的住宅）、高层住宅（10 层以上的带电梯住宅）。

按设计风格划分，住宅可分为传统中式、欧式、新中式、新古典、现代式等。

为主要因素来进行设计。在考虑这些设计因素的基础上，景观设计师需要扬长避短，这样才能真正设计出适合人居住的环境。

第二，是居住区的硬质景观设计。在景观设计时，硬质景观指的是地形、建筑形态等方面的塑造。

第三，是场地中的软质景观设计。软质景观由绿植、草甸、水域等构成。尽管工程设计需要执行工作流程并遵循科学的方法，但是优秀的设计核心在于创新的居住区设计理念，即设计思路的创新。只有充分挖掘各类专业设计师的才智与创意，才能创造出充满活力的居住区环境。

第五节　城市公园环境景观设计

一．城市公园概述

城市公园是为广大市民提供服务的公共绿地，它们不仅提供游览、观赏、休息、科学文化活动等服务，而且为人们提供锻炼的场所。公园拥有丰富的设施和优美的绿化环境，是城市基础设施中不可或缺的一部分。

随着城市化的不断发展，城市公园在现代发展史上扮演着重要角色。城市公园从纽约中央公园的起步到现在成为一个庞大的家族，经历了不断的发展和演变。同时，城市公园在城市中的地位也越来越重要。市民最初来公园只是为了休闲、散步和赏景，因此公园的用途比较有限。随着城市公园建设的不断进步，公园的角色变得更加多元化，拓展了更多活动和功能方面的内容。如今的城市公园常常被设计成具有景观游览、放松身心、亲子娱乐及科普教育等方面功能的综合场所。城市公园不仅是市民可以使用的开放空间，同时也是调整城市生态环境的重要部分。

（一）城市公园的概念与发展状况

人们在不同时期对城市公园的定义均不相同，也有不同的侧重点，如强调公园美学意义的、强调公园游憩娱乐意义的、强调公园综合功能的。无论是何种定义，城市公园既可以是自然的又可以是人工的，公园内有各种地形地貌、植物、水体、道路、广场、建筑、公共设施，这些元素组合在一起，形成了一个综合体。公园的定义不限于那些专门划分为公园、花园和自然森林公园的区域，也包括郊区内的休闲场所，如农家乐和水上乐园等。城市建成区域内所有的公园都被认定为城市公园，这些公园都是公共的资源。

工业革命以来，城市公园已广泛传播至世界各地。西方工业革命的出现大幅提升了生产能力，因此，众多民众涌入城市。这也导致了人们的就业形势从传统的农业雇佣关系，转变成围绕机器的大规模生产所需的劳动雇佣关系。居住方式也从开阔的农业田园转向相对比较狭窄的城市空间。其结果导致了社会结构的颠覆性调整，造成城市环境的破坏和日趋恶化。人们迫切需要找回心目中的世外桃源——自然原野和田园牧歌。因此，城市公园帮助生活在城市中的人们实现这种夙愿。

17 世纪中叶以后，英国、法国相继发生了资产阶级革命。在奉行“自由、平等、博爱”的信条下，封建领主和王室的财产被没收，大批公园和私人花园被转为公共用途，并归类为“公园”。1812 年，伦敦兴建了一个以高收入市民为服务对象的摄政公园（见图 3–74）；1847 年，利物浦建立了伯金海德公园（见图 3–75），这个公园主要以工人阶层为服务对象。这些公园是现代城市公园的雏形。

图 3–74　伦敦摄政公园

图 3–75　利物浦伯金海德公园

现代城市公园运动的里程碑是建于 1857 年的纽约中央公园（见图 3-76），这个公园是首个真正具备绿色休闲功能的城市公共空间，其修建也推动了周边地段的投资。从那时起，美国便开始推广“城市公园运动”，在大城市如旧金山、芝加哥等处兴建宽敞的城市公园，以此为核心，创造了新的城市风景。建造城市公园最初的宗旨是为了保护城市周围的自然美景，提高土地商业价值，并为城市未来的可持续发展提供优美的景观资源，同时也为后代保留一些有利用价值的资源。

图 3-76　纽约中央公园

资本主义在 19 世纪的欧美国家大放异彩，这一时期的生产力迅速提升，财富源源不断地积累起来，城市也蓬勃发展。为了避免城市开发建设不当导致环境破坏，也为了保护城市周边的自然风貌，许多美国城市制订了城市发展计划，其中一个重要的措施就是建立城市公园系统。美国的城市公园注重打造连续的、有机的美丽景观，以促进城市的宜居性和和谐性，与城市相互交织。相较于早期大型城市公园建设，美国的城市公园系统对小型公园的分布进行了补充，使得城市公园系统更为科学化和系统化。

中国近代城市公园的设计受到了西方园林设计理念的启发。从 1840 年的鸦片战争开始，多个帝国主义国家陆续在中国建立了租界。在租界内，殖民者为了追求娱乐休闲而建立了一些公园。我国第一座城市公园公花园（现黄浦公园）（见图 3-77）始建于 1868 年，位于上海公共租界，但直到 1928 年 7 月 1 日才对华人开放。随后，上海陆续兴建了类似的租界公园，如上海虹口公园（现鲁迅公园）（见图 3-78）、法国公园（现复兴公园，1908 年）（见图 3-79）、天津法国公园（现中心公园）（见图 3-80）。中山公园（图 3-81）是由英国人兆丰于 1914 年在上海建立，最初名为兆丰公园，是当时上海最著名的公园。这个公园具备了英式自然景观和中国传统园林艺术的双重特色，融合了中西元素的风格，曾荣获“上海市四星级公园”的荣誉称号。中山公园总面积约为 20 万平方米，园内分布着 120 多个景点，这些景点大小不一，各有所长，独具特色。其中包括银门叠翠等景点被评选为“中山公园十二景观”，它们是公园内最具代表性的园林景观。

图 3-77　上海黄浦公园

图 3-78　上海鲁迅公园

图 3-79　上海复兴公园

图 3-80　天津中心公园

图 3-81　上海中山公园

1906 年，在无锡、金匮两县的乡绅建造了具有中国特色的城市公园锡金公花园（见图 3-82）。辛亥革命以后，我国相继兴建了一些城市公园，如广州的越秀公园（见图 3-83）、北京的中央公园（现中山公园）（见图 3-84）、南京的玄武湖公园（见图 3-85）、杭州的中山公园（见图 3-86）、汕头的中山公园（见图 3-87）、西安的革命公园（见图 3-88）等。这些公园有的是在原有风景区、古园林旧址上建造的，有的是在新址上参照欧洲公园特点建造的。

图 3-82　锡金公花园

图 3-83　广州越秀公园

图 3-84　北京中山公园

图 3-85　南京玄武湖公园

图 3-86　杭州中山公园

图 3-87　汕头中山公园

图 3-88　西安革命公园

第一个五年经济发展规划时期（1953—1957年），是中华人民共和国成立以来城市公园的发展的首次显著提升的阶段。随着旧城改造工作在全国各个城市的推进，新建城市公园以及对现有公园进行升级改善已经成为日常工作。由于某些客观因素的影响，20世纪60年代至20世纪80年代城市公园的建设进展放缓。这两个阶段建造的城市公园在规划和设计方面主要受到了苏联式公园的影响，强调将公园分配为不同的功能区，注重开展文化活动，这样的公园设计方案非常符合那个时代人们的精神需求。

改革开放以来，中国经济有了极大的发展，人们的生活形态向多元化发展，对生活品质和精神有了更高的要求，这些因素都促进了城市的更新和城市公园建设的进程。在城市规划中，公园建设越来越受到重视，同时也促进了各种主题公园的兴起。

（二）影响城市公园发展的主要因素

1. 城市化发展对城市公园演变的影响

在第一次城市化浪潮中，西方一些发达国家实现了工业化，城市化也得以繁荣发展。社会和城市生活在19世纪以来西方工业化的影响下所改变。随着城市人口的快速增长，城市成为产业和贸易的集聚中心，其环境状况也逐渐恶化。在中国改革开放之前，城市公园建设缓慢，部分原因是经济不发达。自改革开放以来，中国在城市建设和城镇化方面取得了迅猛的进展，工业化和城市化水平也有了显著的提高。我国目前正在快速推进城市化进程，城市范围逐渐扩大至郊区，并对老旧城区进行改造与土地置换。与此相伴的，农村正积极推动城市化的进程。随着城市化进程的不断推进，越来越多的城市开始投资兴建公园和绿地，旨在提升城市的居住品质，同时也激发城市的生机和活力。这是城市建设中不可或缺的一部分。在20世纪90年代后，唐山、广州和深圳等城市因其卓越的城市建设和美丽的居住环境，获得了多项殊荣，包括“联合国人居荣誉奖”“国际花园城市”和“中国人居环境奖”等。

2. 当代艺术发展对城市公园的影响

从第一个城市公园诞生起，城市公园的设计风格一直在不断演化，受到各种不同的艺术风格和流派的启发。自英国工艺美术运动以来，新艺术派、分离派、未来主义、现代主义、后现代主义、解构主义等艺术运动对城市公园设计的艺术倾向均产生了不同程度的影响。

受到田园画和风景画艺术的启发，英美一些早期公园，如纽约的中央公园，表达出了对自然美景的热爱和追求。自哈佛革命以来，现代主义在公园设计领域占据主导地位，强调将艺术表现融入形式和功能的结合之中。现代城市公园发展到今天，可以说是成了展现各种艺术风格的舞台。例如，法国的拉维莱特公园（见图 3-89）的建设是解构主义在城市公园中一次重要的实践活动；雪铁龙公园（见图 3-90）的设计则糅合了现代主义简洁及文脉等艺术理念。可见，不同的艺术实践活动都促使城市公园有了新的突破。

图 3-89　法国的拉维莱特公园

图 3-90　雪铁龙公园

3. 生态主义思想对城市公园演变的影响

芝加哥大学在 20 世纪 20 年代最早开始对城市生态进行研究。一些芝加哥大学的学者采用了生态学的理论和原则，研究芝加哥城市人口的空间分布情况。他们探讨了影响人口分布的社会和非社会原因，以及各种人口分布情况下的土地利用模式，并进行了详尽的分析和测试。在 20 世纪 70 年代，宾夕法尼亚大学的伊恩·麦克哈格（Ian McHarg）教授提出了一种综合性的生态规划思想，为景观设计领域带来了新的机遇。这种思想超越了以往的范畴，让景观设计可以运用多学科知识进行系统性的设计，开创了这个领域的新发展。设计师在城市生态和城市公园的建设实践中普遍采用了他所提出的一系列基本生态观点。在20世纪90年代，生态学研究的重点开始向保护生物多样性转移，许多城市将生态城市和生态绿地列为保护生物多样性必不可少的组成部分，并将其纳入发展战略中。城市公园的设计中常常采用生态学和景观生态学等理念，如在德国杜伊斯堡北部港口风景园（见图3-91）、北京奥林匹克森林公园（见图3-92）等项目中，这些理念被成功地应用于公园设计。

图3-91　德国杜伊斯堡北部港口风景园

图3-92　北京奥林匹克森林公园

（三）城市公园的价值与功能

1. 城市公园的价值

由于早期工业化发展造成城市环境恶劣，人们开始创造城市公园来改善环境。公园的建设不仅可提升城市整体卫生水平和环境质量，而且能为市民打造一个美丽、自然、宜人的休闲娱乐场所。在公园中，人们可以享受新鲜空气、繁茂的植物和广阔的活动空间，这些因素有助于改善人们的身体和心理健康。

将城市与公园相融合，可提高城市土地的价值，同时也能有效改善城市投资环境。优美的城市公园使城市富有魅力和综合竞争力，如南京石头城公园（见图 3–93）、郑和宝船遗址公园（见图 3–94）。正因如此，有的城市在发展规划中提出“环境是资本，管理出效益”“环境也是一种生产力”的口号。

图 3–93　南京石头城公园

图 3–94　郑和宝船遗址公园

2. 城市公园的生态功能

在城市中，公园是面积最大的绿化生态区域，同时也是众多植物和动物栖息繁衍的重要场所。称城市公园为“城市绿肺”或“城市自然氧吧”也不为过，因为城市公园能够有效地促进城市生态环境的改善，这对城市居民的健康具有积极的影响。

城市公园还承担着生物多样性保护的重要功能。今天的城市很难再找到动物的栖息地，城市中的各种公园形成一个保护生物多样性的场所，这些公园已经成为城市中不可或缺的重要区域。

3. 城市公园的景观功能

城市公园在城市空间景观上起着重要的作用。城市的更新改造、建设开发，使城市的原有景观遭到严重破坏，而通过合理的规划与重新组织，城市公园可以被打造成为城市景观不可或缺的一部分，为城市注入新的生机和活力。北京借举办奥林匹克运动会之机，将奥林匹克体育场馆和奥林匹克森林公园选址规划在城市北面，通过这一人造环境的建设，使北京市北部的城市环境有了极大的改善，并使北京市又增添了多处重要的节点和标志性场所。

4. 城市公园的防灾功能

我国地域辽阔，由于地质结构和气候的原因，在许多地区自然灾害频发，对城市市民和城市设施很容易带来灾难和破坏。1976 年 7 月 28 日，我国河北省唐山市地震就是一个例子。因此，在地震经常发生的区域和高层建筑密集的城市中，人们也把城市公园看作是一种可用于应对自然灾害和逃避危险的设施。1995 年日本阪神大地震中，城市公园在保护居民生命和财产安全方面发挥了重要作用。这些城市公园作为城市的公共基础设施，在一定程度上提高了城市的安全性，为市民带来了一定的安全保障。

5. 城市公园的美育功能

自第一个城市公园问世以来，人们便将其视为一种美学象征，它代表了人类对于完美生活的渴望和追求。在城市公园的发展历程中，不论是传统艺术、民间艺术，还是当代各种不同的艺术派别，它们都不同程度在城市公园中的艺术语言中得到了体现，有的城市公园以整个公园为对象，或以艺术作品单体融入公园的整体环境，法国的拉维莱特公园（见图 3-95）是解构主义大师柏纳德·屈米（Bernard Tschumi）的实验性作品。以著名雕塑家作品为主题的雕塑公园有挪威的维格朗雕塑公园（见图 3-96）。艺术在城市公园设计中的渗透，给人们带来一种美的享受。

图 3-95　法国的拉维莱特公园

图 3-96　挪威的维格朗雕塑公园

城市公园的发展不仅融合了生态、文化、科学、艺术等方面的元素，而且符合人们对于环境要求的生态原则。城市公园在人的身心健康、情操熏陶、艺术修养水平等方面都起到了一定的促进作用，提高了人们的生活质量。

城市公园应根据不同的季节与节假日举办主题性游览活动，如桃花节、荷花节、牡丹花节、樱花节、冰雪节等，以吸引众多的市民前往游览。

二、城市公园景观设计

（一）城市公园建设的总体发展方向及设计目标

确立城市公园建设的发展方向和设计目标是所有其他工作的前提和基础。

1. 发展方向

对在城市发展中更新建设的城市公园来讲，除了要在体制、机制、观念上进行变革与创新外，挖掘、修复历史文化景点和自然资源尤为重要，许多城市公园之所以具有优势，是因为它们有着悠久的历史和深厚的文化底蕴。只有同时具备深厚的文化积淀和独特的主题特色，并且不断创新，发展独树一帜、具有丰富文化内涵的城市公园，才能持续展现其强大的生命力。在规划城市公园的时候，需要先考虑整个城市的布局和现有公园用地的具体情况，然后根据这些信息制订相应的方案。同时，重点挖掘城市自身独特的历史文化特色，因地制宜地建设公园，凸显公园主题，使其在众多城市公园中独树一帜，只有这样才能成为市民向往的休闲场所。

2. 设计目标

在城市更新中，城市公园的建设需要以先进的思想为指导，处理好历史和现代、开发和保护、创新和传统之间的矛盾，力求做到注重保留历史文化遗产和创造新的文化价值相结合，从而将城市公园改造成一个焕然一新的景点。要达成这个目标，必须做到以下 4 个方面。

（1）时代性

公园的建设可以展示现今社会的科技和文化特点，彰显现代人的审美和内心需求。

（2）独特性

城市公园规划设计不是盲目地迎合潮流，而是借助独具匠心的构思和创新的技术方法，多维度、多层面地展现现代社会中城市公园所具备的个性和特质。

（3）文脉性

在规划和设计城市公园时，应该认真挖掘和展现与公园有关的文化价值、历史背景、地域特色、人情风俗等人文资源，不应盲目跟从潮流。

（4）地域性

每个城市都有着各自的人文资源和自然风貌，城市公园特色的形成和公园内部的地形地貌、植被状况、水文特点有着密切的关系，充分利用这些自然资源不仅能保持城市的原有风貌，而且通过和其他构成要素的结合，可以强化公园的地域性特色。

（二）公园景观空间组合序列

1. 公园景观空间的发端

景观空间的发端是公园景观空间组合序列的开始，也就是园林设计中的“起景”。在公园景观设计中，“起景”就好像拉开了序幕，吸引游览者的注意力，使游览者对后续景观空间产生期待。景观的起景主要有点、线、面三种形式。

“点”起景是指景观空间的起景以“点”的形态作为空间序列的开始，如运用堆砌假山造景、水池造景、花坛造景的表现手法。

“线”起景是指景观空间通过“线”的形态作为空间序列的开始，通过线性空间的延伸引导游客的视线与走向。

“面”起景是指景观空间由一个基面展开，这是城市公园常用的景观空间起点序列展开形式，它往往以公园入口广场的形式出现。

2. 公园景观空间的延伸

大多数公园由起景空间开始延伸达到高潮，往往采用一种诱导型、延续性的线索来贯穿不同性质的景观空间，以形成一种迂回曲折、时隐时现、虚实相间的空间序列构成形式，它和中国古典园林空间的构成形式极为相似。

3. 公园主体景观的营造

公园主体景观的起景，经过空间序列的延伸铺垫后，由序曲进入高潮，并设置后景作为反衬，形成空间的收景。公园主体景观是点睛之笔，往往构成公园的主题或成为游客心目中向往的去处。

4. 公园空间景观的收合

公园空间景观的变化不仅代表着上一个场景的结束，而且标志着下一个场景的开始。游客可以根据环境的引导、顺着环境的变化，去体验不同的游园感受。每个完整的景观序列都包括序幕、兴奋、高潮和松弛四个逐渐变化的阶段。通过科学合理地组织空间，公园可以形成具有节奏感和韵律感的空间序列，以引导游客获得最佳的游园体验。公园内不同景点的均衡设置，是实现景观空间组合序列节奏的主要方法。

（三）公园道路的空间设计

在规划设计公园时，公园道路是绝对必要、不可或缺的组成部分。公园面貌和风格往往能够通过规划布置公园道路来体现。中国城市中的绝大多数公园的规划设计都具有古典园林的风格，园路讲究峰回路转、曲折迂回。与城市道路不同，公园道路不仅需满足交通运输需求，而且要配合打造美丽的景观和环境。园区道路规划要满足游览线路的需要，连接不同的景点空间，提供休憩空间。由于园区道路的特殊性，园区道路铺装在满足使用功能的同时也是观赏对象，铺装中所选用的材料、拼合形式，以及图案中所表现的内容都具有较高的美学价值。

公园道路一般分为主要道路、次要道路、林荫道和休闲小道。不同类型的道路由于使用功能的不同，道路尺度都有明确的规定。园区道路的设置应符合整个公园的规划要求，所有的道路都应与园区空间的完整性相协调，公园的休闲小道更要满足游客休闲散步的需要。例如，加拿大斯坦利公园（见图 3-97）的环岛道路是游人和自行车爱好者的天堂，在两侧景色优美的道路上，还时常可见轮滑好手的身姿。公园在道路设计上应充分考虑到游客行走与运动的不同要求，将公园的道路分为自行车专用道路、轮滑专用道路、游人散步专用道路等，这些道路功能的不同划分，保证了不同行为人的需求与安全。

图 3-97　加拿大斯坦利公园

（四）公园景观设计的考虑因素

1. 自然因素

在城市公园景观设计中，先要考虑其自然因素，如气候条件、地理环境、植被条件等。

（1）气候条件

气候条件包括气温、湿度、日照和降水量等要素。公园的景观设计会受到自然因素的影响，因为随着季节的更替，自然生态也会发生变化。在公园设计时需要考虑建筑物的位置、如何合理利用户外场地、水文环境的条件，以及如何选取和组合适合的植物种类等。

（2）地理条件

要实现公园景观设计理念，必须全面考虑城市公园的地形和地貌，这是必不可少的前提条件。在设计城市公园时，应考虑保护现有地形和物质形态，同时根据当地的实际情况进行布局规划，确保设计合理。充分发挥自然山水景观资源的作用，打造与城市整体环境相融合的生态环境，如上野公园（见

图 3–98）是日本最大的公园，面积达 52.5 万平方米。上野公园充分利用了场地的特点，以场内现存多处名胜古迹为节点，建有国立科学博物馆、国立西洋美术馆、东京都美术馆及上野动物园林等。该园中的老树、高台、庙堂与漆黑色调的馆舍、鲜艳的纸灯笼融合着江户和东京的特色，展示出日本古代和现代的多种风格。

图 3–98 东京上野花园

（3）植被条件

公园景观设计中，每一种植物都具有其独有的特征，包括形状、外观、颜色和质地等，这些元素都可以被运用到景观设计中。设计师要成功打造可持续发展的生态城市公园，就需要将设计理念与实际视觉效果融合得恰到好处。

斯坦利公园在加拿大温哥华市区，是北美地区最大的市内公园（见图 3–99）。公园占地面积 6070 亩（1 亩约等于 666.667 平方米），几乎占据了整个温哥华市北端，北临巴拉德湾，西临英国湾。公园的景观主要以自然形成的红杉等针叶树为主，极少添加人工景物。这些原始森林也是公园最出名的风景。色彩斑斓、美轮美奂，如同一幅梦中的画卷，融合了森林、草地、群山和蓝天，构成了一幅壮观绝美的场景。当地人以这种超前的重视人类居住环境的意识，完好地保留了这片净土，并时时呵护着这座城市的巨大“绿肺”，使这里成为温哥华市民享受大自然、亲近大自然的快乐之地。在联合国评定的全世界最适合人类居住的城市中，温哥华名列榜首，斯坦利公园这片原始森林和良好的生态环境功不可没。

图 3-99　斯坦利公园

2. 人文资源

无论是大众化的城市公园还是主题公园，在景观创意设计中，常以某种传统文化为主题来进行设计。这些人文资源涵盖传统文化的精髓、地域的历史传承和遗址，还有本土文化、生活方式和民俗风情等。城市公园的规划应当综合考虑人文资源，这不仅有益于人们的娱乐休闲，而且对于满足人们的精神需求也具有积极作用。在城市公园的发展过程中，保护和开发人文资源至关重要。

在加拿大斯坦利公园东部的一个三角形绿丛林前，有几根形状大小不一的印第安木刻图腾柱，这不仅体现了印第安人的文化艺术，同时也为公园增添了一处历史文化景观（见图 3-100）。这些巨型图腾柱采用整根雪杉木制成，四周被雕刻上了许多抽象的动物、人物和文字，刀痕深刻，颜色鲜艳，给人一种神圣严肃的感觉，这表现了当地印第安人的文化和信仰。用丰富的色彩和细致的表现手法，生动描绘出了印第安人的传说和文化，让人们体会到其中深刻的内涵。时常可以看到穿着红色的马甲，上身佩戴许多装饰，头上插着鹰羽，脸上涂着一道道红印，脚上穿着兽皮软鞋，边缘装饰着流苏、珠绣的印第安人在周围徘徊。

图 3-100　加拿大斯坦利公园印第安木刻图腾柱

3. 社会因素

经济与科技的发展对城市公园的建设有着直接的影响，将科学技术运用到公园旅游项目的开发中，可以极大地丰富公园的娱乐活动，增强游客的参与性。将电子高科技应用于主题公园的建设成为一种发展趋势。这些技术的运用将对旅游业产生革命性的影响，公园的娱乐活动也由原来的被动参观变为游客主动参与。例如，有的主题公园采用声、光、电等技术，模仿大自然的各种现象，将科普宣传和游玩相结合，有些主题公园设有能供游客参与的大型娱乐设施，如过山车、摩天轮、水滑梯、蹦极等项目。

在加拿大斯坦利公园中，除了能欣赏到美丽的自然景观外，还时常能看到可爱的浣熊，还有一座人造动物园和温哥华水族馆。建于 1956 年的温哥华水族馆是加拿大最大的水族馆，有八千多种水生生物供游人参观，其中有许多珍稀海洋生物；人造动物园中种植了大片的亚马孙热带植物，有各种鸟类和猴子。斯坦利公园定期还会为儿童举办关于环保和保护动物的教育性节目，寓教于乐，很受儿童和家长的欢迎。

三、城市公园景观营造

（一）城市公园规划设计的基本原则

1. 功能性原则

在设计城市公园时，人们的使用需求必须被放在首位。城市公园绿地的规划布局需要考虑合理的服务范围，以确保公园绿地的各类别分布均衡，避免公园绿地空白区域的出现。为了实现最佳的公园规划设计效果，需要在具体进行设计之前，深入了解公园使用者的审美需求、活动规律及功能要求等方面的相关信息。不同的功能区域需要采用不同的设计方法，包括划分空间、规划活动内容和安排小景点等。在设计过程中，应该贯彻以人为本的理念，并结合心理学、行为学和人体工程学的原理。例如，老人活动区要求环境幽雅宁静，空气清新，适合老人休息及活动；儿童活动区要求交通便捷，造型新颖，色彩鲜艳，形成充满活力、欢快的环境气氛。

2. 生态性原则

为了让城市公园发挥更好的生态效益，规划者在规划中将大小不同的公园分布于城市，同时将它们通过绿带或绿廊相互连接，形成一个整体。在规划公园绿地时，应尽量增加绿地的密度，以本土植物为主要种植对象，并根据不同植物的生态特征和生境需求，遵循生物多样性和景观多样性的原则，构建符合生态的植物景观系统，实现合理的林、灌、草层植物种植组合。

3. 审美性原则

审美性在公园设计中占据着重要的地位。公园设计强化了景观空间的性格、意境和气氛，使不同类型的景观空间更具艺术感染力，满足人们的审美需求。对一些有特殊意义的公园应对其地方文脉、场所精神、文化内涵等进行探索，创意要新颖、构思要独特，体现大众审美情趣和独特的人文内涵，并巧妙组织空间形式。

（二）城市公园规划设计程序及内容

1. 城市公园规划设计程序

第一，规划范围划定。了解规划设计任务及相关审批、投资额等文件。

第二，工作计划的确定。

第三，基础资料的搜集。

①城市的历史沿革、总体发展模式。

②公园所处城市的地理位置、面积、土地利用、交通状况。

③公园服务范围、对象、特征。

④公园所处区位的自然环境、人文资源。

⑤社会调查与公众意见。

第四，公园现状资料调查。

①公园自然环境调查，包括基地气象、地形、植被、水体、生物、土壤等。

②公园人文条件调查，包括基地历史文化背景、社会习俗、文化礼仪、居民生活习惯等。

③公园公众参与和民意调查，了解公众的实际需求。

第五，公园规划标准、原则确定。

①对公园的现状及相关资料研究分析，得出公园规划的原则与定位。

②拟定公园总体设计任务书，研究公园规划的定性、定量标准与指标，确定规模大小、设施内容、设施容量、服务半径、人均使用面积等。

第六，总体规划方案的拟定。

①总体规划设计方案。

②公园的分期建设安排。

③公园的投资预算。

④公园对环境的影响等。

第七，规划详细设计。

①经审批同意后，对各地段及各个局部进行详细设计，包括建筑、道路、地形、水体、植物配置设计等。

②局部详图，包括景观工程技术设计、节点构造、建筑结构设计等。

第八，编制预算及文字说明。

第九，规划实施。规划方案在实施过程中需根据现场实际情况，对方案进行调整、改进与现场设计。

第十，实施后的评价与改进。公园在建成投入使用后，会出现一些规划阶段未能考虑周到的问题，需及时进行评价和总结，并使之得以改进，避免以后问题的重复出现。

2. 城市公园规划设计内容

（1）公园基础资料分析

①公园所在城市及区域的历史沿革、城市总体规划、经济发展计划、社会发展计划、产业发展计划、城市环境质量等。

②公园区位分析，对城市中与周边用地关系分析、周围城市景观条件分析，包括建筑形体、色彩、体量等。

③公园周围交通条件分析，附近道路交通、停车场分布、车流、人流集散方向等。

④公园服务范围内居民分布、人口结构、主要人流方向等情况。

⑤公园用地的历史沿革、现有古迹的数量、类型、分布及保护情况等。

（2）公园现状资料分析

①气象条件：年最高、最低及平均气温、湿度、风向与风速、光照、降水量、晴雨天数及大气污染天数等。

②植被状况：包括当前植物群落的组成、具有历史意义的古树，以及大树的品种、数量、分布、外在特征、观赏价值等因素。

③地形、地质及土壤状况：地基承载力、地形类型、倾斜度、起伏度、地貌特点、土壤种类、土壤侵蚀等。

④水文状况：现有水面和水系的范围，以及它们的水底标高、河床状态、水位、水流方向、水质和岸线状态等信息。除此之外，还包括地下水的常水位高度、最高和最低水位高度，以及水质情况等。

⑤建筑状况：包括现有建筑物和构筑物的规模、形状、建筑风格、用途和现状等。

⑥市政管线：公园内及公园外围现有地上地下管线的种类、走向、管径、埋置深度、标高和标杆的位置高度。

（3）编制总体设计任务书

①综合前期资料分析，结合甲方设计任务书的要求，确定出公园总体规划设计的原则和目标。

②编制公园总体设计任务书，包括公园设计定位、公园规模大小、游人容量、设施内容、各设施规模大小、公园建设投资预算、设计工作进度安排等。

（4）公园总体规划设计

制定公园整体规划方案，对各个功能区进行全面规划和布局。一般情况下，图纸会选择使用比例为 1 ∶ 1000 或 1 ∶ 2000。

①公园的定位、立意与构思。确定公园在城市景观环境中的角色定位，提炼与表达设计师的设计意图与基本观点。

②公园与周边环境关系的处理。考虑对公园用地进行区分，同时考虑如何使用景观设计的方法来区分其内外部分，与周围环境进行协调和整合。

③出入口位置的确定。合理确定公园主要入口、次要入口以及专门入口的位置，并结合入口环境合理布置机动车停车场、自行车停车棚等。选定主要入口的位置是经过多方综合考虑的，这些考虑因素包括城市主要干道的位置、游客主要来源方向、公园不同分区的功能及地形特征等。次要入口一般为方便游人，在公园四周的不同方向设定。专门入口一般为完善服务，方便管理和生产，设在公园偏僻处或管理用房附近。

④公园功能分区规划。结合不同年龄、不同爱好的游人游园的目的和要求，综合对不同功能的场地进行分区规划。公园规划中常见的功能分区包括文化娱乐区、观赏游览区、安静休息区、儿童活动区、老人活动区、体育活动区及公园管理区。

⑤景区划分。根据不同景点确定不同的景区内容与位置。

⑥公园景观水系的规划。在设计公园景观水系时，需要综合考虑空间布局、水面和水底高度控制，以及水中建筑物的安排。

⑦规划街道、广场和游览路线。

⑧设计者需要考虑公园美学结构的规划，确定平面和立面的主题要素和景观点，并对景观视野和空间布局加以把控。

⑨进行地形处理和竖向规划，估算所需的挖填土量并确定挖填的方向和距离，以实现土方平衡。

⑩园林工程设计。园林工程设计即涵盖护坡、驳岸、挡土墙、围墙、水塔、水中构筑物、厕所、变电站、排水系统、灌溉设施、电力和照明设备以及通信线路等元素的管网规划。

（5）公园详细规划设计

按照公园整体规划的要求，需要对公园的不同区域和设施进行详细的规划设计，一般常用的比例尺是 1 ： 500 或 1 ： 200。

①出入口设计。计划和设计主要的出入口、次要的出入口及专业的出入口。在规划和设计出入口时，需要综合考虑多种因素，如相关服务设施、公园景观和市政设施管线等，同时还需考虑车辆的停放问题。

②各功能区的设计。每个功能区的规划都包含景观建筑、场地布置、活动设施、道路广场、植被绿化、山水景观、管线、照明和其他相关建筑等。

③道路交通设计。园区道路交通的规划不仅需要考虑道路长度和坡度，还要考虑道路的走向、宽度、路面材料、设计方式、曲线和转弯半径、种植树木的位置及道路周围的景观视线等。

④园林景观建筑初步设计方案。园林景观建筑的初步设计方案包含平面布局、垂直外观、剖面设计、主要规格尺寸、标高要求、建筑结构形式、所用建筑材料以及主要设备等。

⑤管线综合设计。管线综合设计涉及许多方面，如管线的规格、尺寸、埋深、位置信息、长度等，还包括相关设施如水表、电表的放置位置，变配电间、广播喇叭位置、室外照明方式与位置以及消防设备等。

⑥地面排水的设计。设计地面排水系统需要考虑以下因素分别是分水点的位置、汇水线及汇水面积、沟槽或管道的尺寸和排水线路的方向，以及进出水口的位置等。

⑦土山、石山设计。土山、石山设计包括平面位置、面积、坐标、等高线、标高、立面。

⑧水体的规划涉及河湖水系的范围和形状、水底土壤的处理、水面高度的调控，以及岸线的设计等方面。

⑨景观建筑小品设计。景观建筑小品设计包括设计平面图、立面图，以及三维的空间造型方案等。

（6）植物种植设计

根据植被种植方案对公园内的植被进行布局。

①在种植树木时，考虑树木的位置、高度、品种、大小和数量。

②树木的布局可以采用平面、立体和空间景观造型等不同形式，还可以组合不同种类的树木，如乔木、灌木、落叶树和常绿树等。

③蔓生植物在种植时，需考虑以下要素，分别是种植位置、高度、选用何种品种、规格大小、数量。同时还需注意植物的攀附状况和与棚架的搭配。

④注意水生植物的生长地点、范围，同时也要注意它们在水下和水面上的高度、种类、种植规格以及数量。

⑤关于花卉的安排布置，包括花坛、花境和花架的摆放位置、高度、品种、大小以及数量等方面。

⑥花卉种植排列的方式：图案排列的式样，自然排列的范围与疏密程度，不同的花期、色彩、高低、草本与木本花卉的组合。

⑦草地的范围、标高、地势坡度、种类。

⑧园林植物的修剪需要保持自然、整洁的形式。

⑨对园林植物的生长期进行规划时，需要考虑速生和慢生品种的搭配，以确保在短时间内和长期内都能保持合适的植物布局，并且在必要时进行调整。

（7）施工详图

根据设计的要求，对复杂的工程部分进行结构设计，并制定相应的施工图和说明。通常所使用的图纸比例为 1 ∶ 100、1 ∶ 50 或 1 ∶ 20。

①给水工程：给水工程的施工详图包括水源设施，如水池、水闸，水泵房及水塔，还有供水设备，如水表、消防栓和用于灌溉的水龙头等。

②排水工程：雨水进水口、明沟及出水口的铺设，厕所化粪池的施工图。

③供电及照明：电表、配电间或变电间、电杆、灯柱、照明灯等施工详图。

④广播通信：广播室施工图、广播喇叭的装饰设计。

⑤煤气管线、煤气表具。

⑥废物收集处、废物箱的施工图。

⑦护岸、驳岸、挡土墙、围墙、台阶等园林工程的施工图。

⑧叠石、雕塑、栏杆、踏步、指示牌、说明牌等小品的施工图。

⑨道路广场硬地的铺设及回车道，停车场的施工图。

（8）编制预算及说明书

对各个阶段布置内容的设计意图、经济技术指标、工程的安排等用图表及文字形式说明。

①公园建设的工程项目、工程量、建筑材料、价格预算表。

②公园建筑物、活动设施及场地的项目、面积、容量表。

③公园分期建设计划，要求在每期建设后，在建设地段能形成公园的面貌，以便分期投入使用。

④公园的人力配备：工种、技术要求、工作日数量、工作日期。

⑤公园概况：在城市绿地系统中的地位，公园四周环境情况等的说明。

⑥公园规划设计的原则、特点及设计意图的说明。

⑦公园各功能分区及景色分区的设计说明。

⑧公园的经济技术指标，游人量、游人分布、每人用地面积及土地使用平衡表。

⑨公园施工建设程序。为了更明确地体现公园规划设计的意图，在绘制平面图纸、立体图纸、剖面图纸的基础上，还要采用轴测投影图、鸟瞰图、透视图、模型制作和多媒体计算机等方式来表达设计构思，以便让人们更直观地了解公园规划的设计理念。

第四章
城市环境艺术中的城市家具

在城市环境艺术中，城市家具也是一项比较重要的内容，本章将从城市家具的相关概述、国内外城市家具的比较、城市家具的属性以及特定场所城市家具的设计这四个方面进行详细的介绍。

第一节　城市家具的相关概述

一、城市家具的概念溯源

（一）语义溯源

“城市家具”是一个组合概念，由“城市”和“家具”组合在一起形成，因此，要想真正理解“城市家具”的概念及其深层含义，首先需要对“家具”的概念进行语义上的理解。家具在英文中被叫作“furniture”，“furnish”是其动词形式，翻译为“布置家具”。在美国权威法律词典《布莱克法律词典》中，家具被解释为一切用于布置并使空间适于居住、使用方便或令人愉悦的物品范畴。由此可以看出，在西方的语义中，家具指的是所有可以随意移动的、可供人使用的物品，涉及的种类非常广泛，包括日常生活中使用的桌子、椅子、书柜等，还包括壁画、花瓶等装饰物品。家具具有很强的实用性，除此之外，它还可以起到装饰作用，并具有符号象征意义，涵盖功能价值与社会价值。欧洲的家具最早出现于公元前2000年的石器时代，在英国的一个村落中发现了石质的椅子、床和梳妆台等物品，成为早期家居的雏形（见图4–1）。

图4–1　英国奥克尼郡村落石屋内石质家具

家具者，家中所用之器具也。在汉语中，家具主要是指用于坐、卧、储藏等实用功能的器具。据史料记载，“家具”一词早在魏汉时期的书籍中就已经出现。贾思勰在其著作《齐民要术》中“槐、柳、楸、梓、梧、柞第五十”中讲道：“凡为家具者，前件木，皆所宜种，十岁之后，无求不给。”可见家具是当时对家庭木质器用的一种简约称呼，古人常以器称之。从史料看来，家具最初的词义内涵凸显了其作为家中功能器物的材料属性和实用属性。随着社会文化的发展，家具的概念已具广义性，不仅材料和功能早已种类万千，而且使用环境也走出原先的家庭范畴，扩展到商店、学校、城市公共建筑乃至户外，并发展成为我们城市建筑以及户外公共空间重要物质组成。

（二）概念生成

城市家具这一概念最先出现在欧洲，它是通过家具这一概念而延伸出现的。早在 19 世纪初，很多城市公共空间就已经安置了城市家具，但在当时这还没有形成一个具体定义。一直发展到 19 世纪 60 年代时，法国的让·克劳德·德考克斯（Jean Claude de Cox）第一次提出城市家具的概念，并用其进行商业推广。到 20 世纪后期，城市家具获得了学术意义上的内涵，也叫作“广场家具”或“街道家具”，被欧美的专家学者所认同。

卡米洛·西特（Camillo Sitte）、芦原义信和威廉·怀特（William Whyte）都曾经对城市家具做过一些研究，但是他们都并未对其进行系统深入的研究，也没有确定城市家具这一概念。近几年来，随着城市化的不断推进，许多欧美国家和日本的专家学者又开始把目光放在这里，重新研究起城市家具。德国学者克里斯·凡·乌费伦（Chris Van Uffelen）和法国景观设计师苏菲·巴尔波（Sophie Barbo）在 2010 年出版了《街道家具》和《城市小品》。蔡永洁曾在《城市广场》中对城市家具从空间和社会学角度进行分析，并对其作了定义，指出城市家具是在城市公共空间中对空间品质产生影响的元素，这些元素与周围人的行为具有互动性，包括城市中的雕像、喷泉、路灯、售货亭等。与可以随意移动的室内家具不同，城市家具大多具有固定性；它也并不是简单地将室内家具移动到室外，而是具有室内家具所没有的公共性，体现出其社会价值。

在以城市空间形态与品质为关注对象的城市设计学科领域内，城市家具的学术定义还未得到系统性的澄清和概括，本书也将以此为目标，并通过城市家具的历史溯源和它的空间、社会价值澄清，尝试从城市设计的视角对其做出客观、完整的定义。

二、城市家具的历史溯源

城市家具这一概念虽然是因商业推广的目的被创造和使用的，但其作为公共服务设施服务公共社会生活的价值内涵早已体现在古老的欧洲城邦中那些古老的城市家具身上，诠释着城市公共属性与家具功能属性的有机结合。而从那一刻起，城市家具的概念内涵就已经存在，即城市公共属性和家具功能属性的统一，空间与活动的统一。因此，本书对城市家具的历史溯源也将以城邦文明以及城市公共文化起源最早的欧洲为伊始，从欧洲城市那些公共性的城市广场街道空间中，可以发现城市家具在城市公共生活中所扮演的角色，并进一步澄清城市家具对于城市公共空间与公共生活的意义和价值。

（一）古希腊时期：信仰价值符号

雕塑、纪念物、祭坛、演讲台是古希腊城邦的典型装饰，充满了广场、街道。古希腊的生活方式具有很强的公共特征，这极大地促进了城市公共空间的发展，公共空间是城市结构的基础。在装饰与设计公共空间时只为表达集体利益。在打造城市公共空间时，城市家具是一种补充方法，同时也是社会价值的完美体现，在城市家具的作用下，城市公共空间促进了政治、经济繁荣，使人们的交流、活动更为频繁。人们在这里膜拜、敬仰、演讲、辩论、施政、交谈，公共生活的精髓在这里得到体现。

雅典卫城是宗教政治的中心地，它位于雅典市中心的卫城山丘上，依山而建。雅典娜女神像（见图 4-2）伫立在由山门、帕提农神庙、伊瑞克先神庙等几个主体建筑围合成的广场中心，这座雕像高度超过 10 米，与周围的建筑形成强烈反差。这座神像被放置在山门的正轴线上，神圣无比，被每一位市民所敬仰和崇拜。在这里，神像还起到平衡空间布局的作用，打破了空间上的严格对称，形成了一种动态平衡，与卫城的整体空间布局相符。壮观宏伟的神像使人深受震撼，成为人们的精神寄托。

图 4-2　雅典娜女神像

雅典集市广场（见图 4–3）。集市广场是雅典当时最为重要的公共活动空间。希腊时期的雅典集市广场已由赫菲斯托斯神庙、议事厅等建筑群和柱廊围合形成了明确的边界；到了罗马时期，广场上已经设立了丰富而多样的城市家具，支撑着人们所热衷的公共活动。被称为“Panathenaen”的祭奠大道斜穿广场而过，这条道路是通向卫城的中心干道，也是人流主要集中地。在祭奠大道通往卫城方向并进入广场的起始处是“十二神祭坛”，作为广场领域的起始标志。以“纪念众神”作为人群进入广场的首要事件，宣示着神在希腊人心中的神圣地位；广场东侧的演讲台紧靠阿塔罗斯柱廊居中设置，以柱廊立面形成对称而完整的背景，共同构成演讲的城市舞台；在广场西侧议事厅柱廊外是英雄雕像阵列，长约 16 米的大理石基座上陈列了十余座希腊历史上最具代表性的传奇英雄人物铜像。除了展示英雄人物供市民敬仰，此处的另一个重要功能是为雅典人议政、颁布法律公告提供官方场所。此外，广场上还充满了如雅典神像、祭坛、英雄雕像以及各种微小型建筑物，它们共同丰富着广场的空间，支撑着人们的活动，并展示着雅典人的精神寄托。雅典集市广场是当时最主要的公共活动空间。

图 4–3　雅典集市广场

雅典城市广场上的城市家具在空间布局上呈现以下几个特点：在建筑物或道路周围布置城市家具，这样既不会对交通造成影响，又便于市民使用；不将城市家具设置在广场中心，以便市民有更多的公共活动空间；和建筑物之间形成小范围逐层渗透的空间。另外，城市家具强调其符号象征意义，在人们进行演讲、辩论等活动时营造良好的空间氛围。

从以上两个具有代表性的案例可以看出，古希腊人意在通过城市家具来展现公共空间的价值内涵，并通过广场上的城市家具，如雕塑等，体现当时人们的信仰，对公共空间的主题进行补充。这些城市家具具有鲜明特色的主题以及丰富的内容。在空间布局上，根据公共活动空间的具体情况灵活设置，将符号象征意义和政治生活有机统一，同时还融入社会生活功能，在一定程度上满足了古希腊人民的生活需求以及精神需求，体现出市民具有虔诚信仰、主张民主政治、热衷公共事务的特点。

（二）古罗马时期：权力与世俗并重

古罗马在一定程度上延续了古希腊民主和自由的传统，但作为一个空前的集权军事帝国，其城市公共空间在形式、规模、尺度上追求宏大叙事性，强调空间秩序和精神诉求的表达，与古希腊的自由多元形成对比。同样利用城市家具，古罗马人在继承古希腊传统的同时塑造了自己的特色。

罗马竞技场广场（见图 4–4）。恺撒大帝时期的竞技场前面有三个城市家具，分别是君士坦丁凯旋门、涌泉水池和巨人雕塑。建造具有象征性和纪念意义的凯旋门是罗马人的独创，君士坦丁凯旋门正是为纪念大帝击败马克森提皇帝统一罗马帝国而建的。凯旋门设于从罗马胜利大道进入竞技场广场的入口并作为道路对景和收头，向来人昭示着罗马统治者的辉煌功绩。凯旋门身后是名为“Meta Sudans”的圆锥形涌泉。“Meta”原本是古罗马竞技场内供战车绕行的高大圆锥形设立物，此涌泉采用圆锥造型也出于一个明确目的，为来自胜利大道的胜利游行队伍提供一个左转绕行并通向论坛区和 Sacra 大道的仪式性空间节点。涌泉以北，位于维纳斯神庙另一侧的是高约 30 米的巨人铜像，该铜像最初是以尼禄皇帝为原型的英雄纪念铜像，且原先并不在此。此后的维斯帕先皇帝为铜像增添了光芒皇冠，重新取名为“太阳神巨人”并将其移至角斗场前广场。大尺度的城市家具除了符号象征和仪式性标志外，也作为造型元素对整个广场的空间形态和尺度施加着影响。凯旋门作为道路收头，实现了从街道向广场的空间过渡。涌泉和巨人雕塑对称地分列在竞技场和维纳斯神庙对位轴线的两侧，强化了这种空间对位关系，同时它们利用自身的体量收缩再次区分了广场空间区域，在由竞技场和神庙两个大尺度建筑形成的广场空间中营造出小场域，丰富了空间的层次。城市家具的造型与布局以鲜明的符号象征意义和宏大、庄严的空间特征为仪式性和纪念性活动提供了支持，凸显了帝国的荣耀与伟大。

图 4-4 罗马竞技场广场

庞贝广场（见图 4-5）。广场形成于罗马共和时期，三面有完整的柱廊围合，周边设有神庙、议会厅等重要建筑，是当时市民政治、经济、宗教和日常生活的中心。虽然没有罗马城的宏大规模，但庞贝论坛广场清晰呈现出了神和帝国英雄在人们心中的统治地位，并通过清晰的轴线来明确表达。纵轴线由庞贝保护神朱庇特神庙和论坛中心的两座罗马皇帝雕像形成，两座雕像之间则是广场核心区——论坛，是市民集会、演讲、辩论等重要活动的场所；广场边缘设有若干组英雄骑士雕像阵列。这一系列布局不仅体现着不同对象的社会等级，同时它们在空间上又划分出中央论坛区和边沿区的不同领域，使得广场在空间组合、尺度变化和层级上富有多样性和渗透性，适应了政治、辩论、宗教与日常性、世俗化等不同类型的公共活动在空间选择上的多元需求。

图 4-5 庞贝广场遗迹

庞贝的水井（见图 4–6）。古代的街道不仅用于通行，而且是市民商贸交易、日常交往的生活场所，在那个年代就是广场之外市民的第二公共起居室。庞贝的街道水井称得上古典时期一种特别的街道家具类型，它也可能是中世纪城市精美街道喷泉的前身和雏形。相对于东方文化中将水井设于自家庭院的方式，庞贝的水井显然是出于一种截然不同的公共生活理念——在满足功能性需求的同时促进市民交往。街道水井的空间分布经过精心考虑，水井之间相对等距，控制在 100～200m 的步行区间以内，均设立在道路交会处，易于辨识，为路人、商贩、居民和牲口的取水提供便捷的支持。这种设置方式有效兼顾了日常生活和公共交往需求，人们在取水处相遇，产生交流，提高了街道空间的停留性和宜居性，使街道成为市民生活的起居场所，在一定程度上推动了富有活力的街道生活文化。

图 4-6　庞贝水井

显然，古罗马城市家具总体上继承了古希腊传统，突出符号象征意义。但古罗马更加有意识地利用城市家具的空间造型价值，补充轴线关系，强化空间对称性和等级序列的营造，注重规整、宏大、仪式性效果，成为帝国权力意识的空间展示。同时，城市家具也被作为街道中的生活设施，日常需求促进了市民的日常交往，这也凸显出古罗马生活中更加世俗的一面。

（三）中世纪时期：虔诚、实用与空间艺术的统一

中世纪城市在继承古希腊和古罗马文明的基础上，也被蓬勃发展的商业贸易活动所影响。教会拥有至高无上的权力，掌控城市生活的方方面面，同时，城市公共空间和城市家具的设计也充满宗教色彩。中世纪社会秩序的制订取决于教会、贵族和市民阶层三种力量，这种力量构成也影响着城市家具的造型、空间布局和功能特点。城市家具作为城市公共空间的重要组成部分，与城市建筑一同构成了城市的文化载体。

纽伦堡美丽泉（见图 4-7）位于德国纽伦堡集市广场，它是上述特点最具代表性的建筑。广场上的传统集市有着悠久的历史，一直流传到今天，它坐落在广场的西北角，被圣母教堂环绕。纽伦堡美丽泉在 1385 年开始建造，其组成部分包括一个底座水池以及一个 19 米高的镀金彩绘塔。它的塔身是传统的哥特式造型，共分为四层，每一层都绘制了著名圣人与伟人的雕像，圣经旧约中的七位先知人像位居顶层，中间层有十六位象征人类统一的伟大统治者人像，位于他们脚下的一层是象征纽伦堡敌人的鬼脸像，最下层是沿着塔基周边呈两圈展开的十六位呈坐姿的人物像。外圈八位是哲学与其他七个不同学科的代表人物，其后的内圈人物是四位福音传教士和四位中世纪教父。泉水从他们脚下的兽形喷嘴中流出，汇入水池供市民采用。

图 4-7　纽伦堡美丽泉

美丽泉既展现了上层权贵的社会理想和价值诉求，又满足了集市人群的取水之需。美丽泉也是城市空间造型的重要元素，被西特称为“中世纪喷泉布局的典范”；广场中央留空作为集市活动的中心，精美的喷泉被置于广场的一角，主要道路在这里通向广场，人和牲口也能非常方便地到这里饮水，行人也被置于一个动态而合适的透视角度来欣赏喷泉和大教堂。美丽泉早已超越其功能属性，化身为彰显权威、传递价值、展示空间艺术的多元复合物。

瑞士首都伯尔尼被称为“泉城”，遍布城市街道的街心泉是这座城市的代表性城市家具，这些街心泉由上部柱形精美雕塑和下部水池所构成，每个都拥有各自的独特主题，体现着这座城市独有的文化。以位于市场大街的采宁格泉（见图 4–8）为例，它是为纪念城市建立者贝尔希托德·冯·采宁格（Berchtold von Zahringer）而建。因建城之初采宁格以“熊”（Bern）给这座城市命名，柱子上的雕像被塑造成一头站立的熊，身披铠甲、头戴钢盔，全副戎装，左手执伯尔尼旗帜，右手执剑，两腿还夹着一只姿态可爱的小熊。采宁格泉身后不远处是安娜·塞勒喷泉，安娜·塞勒（Anna Seiler）当年将自己的住宅改造并建立了伯尔尼的第一所城市医院，造福市民。此泉展现了塞勒将水盛入碗中的温柔姿态，以纪念这位伟大的女性。

图 4–8　采宁格泉

伯尔尼的其他街道还有很多主题不一的街心泉，有代表当地人宗教信仰的，也有反映民间故事和神话传说的，体现了这座城市文化的多元性。街心泉雕塑具有很强的标志性，一般位于城市主要街道的中心，在繁华的街道上为人们提供了驻足空间。过往的路人可以在这里取水、休息、欣赏城市风景，人们每天在这里进行公共交往。到了当地节日，人们还会把这里布置成集市，热闹非凡，成为城市中的亮点。

中世纪的城市家具也继承了古典传统，被赋予了符号象征意义和政治宗教色彩，体现出当时的价值观念，同时也具有很强的实用性，很大程度上满足了人们的日常使用需求。城市家具在打造城市公共空间的过程中发挥了重要作用，是社会价值、实用性和艺术性的体现。城市家具的这一特点反映出当时独特的文化内涵。

（四）文艺复兴至巴洛克时期，实用性逐渐衰退

文艺复兴运动对中世纪神权统治进行了激烈的挑战，开启了一个人文、科学、理性新时代。这一时期的城市空间和城市家具自然也反映了其独特的人文主义和理性主义价值观，与中世纪时期的价值观有着显著的差异。

米开朗琪罗·博那罗蒂（Michelangelo Buonarrot）设计的罗马市政广场位于卡比多山上，教皇保罗三世计划将其打造为新的市民广场，成为罗马的新标志。广场中央放置了一座描绘古罗马皇帝英武气势的铜像，即马克·奥勒留骑马雕像（见图 4–9），因其不带任何兵器，被视为和平英雄。

图 4–9 罗马市政广场马可·奥勒留骑马雕像

这座雕像的展示是由米开朗琪罗设计的一个梯形广场来完成的，利用抬高雕像后面的元老院，并在此基础上新建一座卡比多博物馆，从而一个完整的广场布局就被构成了。广场周围的短边彻底地打开，用来了解公众进入广场的打太极，给人一种进入广场后戏剧化空间透视效果，完美地体现出元老院建筑的立体化，从而使雕像显得更加突出。在广场的中心，一座雕像坐落在一个以一个椭圆放射图案铺饰的焦点上，这个图案是所有轴线关系的交会点，也是整个广场空间的控制点。因此，这座雕像成为广场空间的主角。广场活动主题纯粹单一，人们沉浸在近乎完美的空间欣赏雕塑。这个空间以轴线、几何、透视等理性艺术手法塑造，突显城市家具作为空间主角的地位，成为城市空间和公共生活中的重要元素。

文艺复兴至巴洛克时期的城市家具不再以宗教题材为核心，但仍然具有强烈的符号色彩。这些城市家具采用透视、轴线和对称等理性原则，成为空间造型的主角，体现了这一时期对空间艺术的重视和创新。公共空间的城市

家具注重主题和意识形态的表达，弱化实用功能，呈现精英化和单一化的趋势。在古典主义时期，一种强调理性、秩序和平衡的空间表达方式被专制主义者所利用，并被推向了极致。城市家具被赋予了新的意义，成为展示权力的方法。这种趋势一直持续到今天，仍然受到许多崇拜者的追捧。

（五）工业化阶段：日常性与休闲化

工业革命推动欧洲城市快速发展，人口激增导致传统城市结构瓦解。新功能区出现、公共交通发展和卫生要求共同引发城市空间变革。城市家具作为公共设施首次大规模普及，包括雨棚、路灯、座椅、报亭、公共厕所、喷泉、树木等。

福尔斯滕贝格广场位于巴黎的福尔斯滕贝格区，是一个边长仅 20 余米的微型广场。该广场四周均为普通居民住宅，以其独特的空间尺度、家具设置和浪漫氛围而闻名。在广场的中心，有一条通过抬高的路牙石隔离出的机动车道，形成一个相对独立的道路区域。这个区域的中心是一个当时非常时髦的汽灯装置，它提供夜间照明，使广场在夜晚也保持明亮。这个汽灯装置被精心地放置在广场的中心，四周有四棵大树围合，形成一个美丽的景观。如图 4–10 所示，在法国画家卡米乐·皮萨罗（Camille Pissarro）的画作中，一盏工业革命时代的汽灯照亮了巴黎的城市舞台。这幅画描绘了夜晚的巴黎，灯光为市民提供温馨的照明和安全感。画作中，汽灯是场所的核心，它为情人约会、孩童嬉戏、路人漫步、邻里交谈提供了必要的照明。这幅画展示了工业革命时代的汽灯如何成为城市生活的重要组成部分，以及画家如何通过艺术手法来描绘这种场景。

图 4–10　油画《夜幕下的福尔斯滕贝格广场》

奎尔公园（见图 4-11），位于巴塞罗那西北山坡上，始建于 1900 年，是一个充满童话色彩的公园。将一片山地送给了巴塞罗那市政府，并要求由安东尼奥·高迪（Antonio Gaudi）设计建设成为巴塞罗那最早的现代城市公园。高迪设计了一个以中轴线为中心的广场，其中最著名的是位于百柱厅屋顶上的"世界最长的椅子"，也被称为"龙形椅"。这张长椅由高迪亲自设计，使用不规则的马赛克瓷砖拼贴而成，色彩绚烂、曲折延展。这个广场为人们提供了漫步、嬉闹和休息的空间，两种活动相互渗透和互动。这种空间、功能和艺术的完美结合，使得这个广场成为热闹非凡、自由欢乐的市民天堂。

图 4-11　奎尔公园

在工业革命时期，城市家具的设计和制造发生了重大转变。传统的主题色彩逐渐被淡化，取而代之的是更加实用和艺术化的设计。这些家具被广泛地安置在城市空间中，极大地便利了市民的城市公共生活。这种转变反映了当时社会对实用性和审美性的双重需求。随着城市生活节奏的加快，市民更加注重实用性和舒适性，而不再仅仅追求传统的象征意义。因此，城市家具的设计开始更加注重功能性，同时也追求美观和艺术性。这种转型适应了城市公共生活的日常化和休闲化趋势。市民可以在城市空间中享受到更加舒适和实用的家具，同时也可以感受到艺术和文化气息。这种氛围有助于提升城市的吸引力和文化内涵，促进城市的可持续发展。

（六）现代化的潮流：消亡的空间与价值

现代主义城市以功能实用主义为理念，强调新技术的高效率和标准化，通过批量化生产使城市家具得到更广泛的普及和推广。然而，这种追求高效率的生产方式也使城市家具成为受害者，因为它在一定程度上忽略了城市家具的人性化和个性化需求，导致城市空间变得单调乏味，缺乏人情味和文化底蕴。在历史上的这一时期，城市家具被视为技术功能性的工业产品，其地位逐渐转变为附属性的配套设施。随着时间的推移，它们固有的场所属性和文化属性逐渐消失，而建筑则成为这一时期城市空间权力与秩序的主角。这导致城市空间逐渐丧失场所感，变得机械、冷漠，缺乏人性。

昌迪加尔行政中心广场（见图 4–12）。昌迪加尔城是由勒·柯布西耶（Le Corbusier）设计的印度旁遮普邦的新首府，其城市核心是昌迪加尔行政中心。行政中心广场位于核心建筑最高法院和议会大厦之间。在长约 400 米的中心广场区域，设有大尺度的宽阔水池和地景雕塑，整个广场空间的设计是强调建筑之间的图案、轴线关系并提供一个展示建筑的巨大空地。广场形态组织的初衷，是为了更好地从一个异常空旷的场景中欣赏建筑及其同场地之间的艺术构成关系，除此之外，广场上难以找到用于支撑其他使用活动的家具设置。

图 4–12　昌迪加尔行政中心广场

拉德芳斯大广场（见图 4–13）。为了打造象征巴黎经济繁荣的经济新区，法国于 20 世纪 80 年代在巴黎建成了拉德芳斯大广场，从而与当时风靡全球的“摩天楼”现代城市商务区形成对比。其标志性建筑拉德芳斯巨门的前广场设计也传递着充满希望的宏大空间信息：城市轴线 + 纪念性建筑。除去一些微不足道的小品及灯具，3 万平方米的大广场上并无能对空间产生明显影响的城市家具，造型目的非常简单：提供纯粹空间，一个能从更好的视角感受城市轴线、欣赏摩天大楼的空旷展台，而不是营造一个使用多样和长时停留的市民场所；城市家具的集体缺失体现了这样的设计初衷。它的标志性建筑拉德芳斯巨门通过宽广的前广场彰显着满怀希望的宏大空间信息。

图 4-13 拉德芳斯大广场

在古老的欧洲，现代主义的城市公共空间实践并未留下大量案例，但少量的案例足以证明，这一时期的城市家具丧失了传统中的价值符号意义，成为功能性或装饰性工业产品，并在世界范围内普及开来。功能至上、宏大叙事、权力展示的建设思想使城市家具独有的场所价值以及社会文化价值被遗忘和剥离，其空间地位逐步降低，这也是现代主义时期城市公共空间走向衰落的原因之一。

（七）当代城市家具：日常性与场所性的回归

20 世纪 60 年代以来，通过简·雅各布斯（Jane Jacobs）、威廉·怀特（William Whyte）、凯文·林奇（Kevin Lynch）等人对现代主义城市空间理念的批判，人性化、多样性、宜居性成为西方城市空间研究的核心，这也激发了人们对城市家具的重新审视。由于第二次世界大战后社会的稳定以及生产效率的显著提高，人们对城市空间如何满足休闲生活提出了新的要求，“日常性”的城市空间成为研究与实践的重点。通过富有创意的城市家具设计重塑传统城市空间的性格，将这种便捷、易操作的策略作为城市公共空间更新的主要方法，成为振兴城市活力、将市民生活重新带回城市的主要途径。

王宫广场改造。卢浮宫北侧的巴黎王宫原有一个安静的内庭院，经过 1986 年改造后成为对市民开放的王宫广场。艺术家丹尼尔·布伦（Daniel Buren）在约 3000 平方米的庭院内植入了约 260 根黑白条纹柱阵列作为公共艺术作品。所有柱列根植于地下室并以不同高度出现在广场上，在重塑原有庭院空间功能与尺度的同时营造出特别的空间变化，以波普化的艺术语言同庭院四周古典主义风格的建筑立面形成强烈对比。城市家具的植入颠覆了原有严肃而冷漠的空间性格，建造了一个富于趣味性与亲和力，契合市民日常需求的公共场所，吸引了大量市民和游客在此观光、休闲、娱乐。特别值得一提的是，因为内庭院特有的安全感，这里成了父母和孩子的休闲、玩乐天堂；而这一切改变，只依靠城市家具非常简单而巧妙地置入。

柏林海克曼庭院（见图 4–14）。柏林的老城内有许多由街道周边式住宅围合成的传统庭院，这些庭院空间最初设计是供住区内部居民使用的半私密性庭院。海克曼庭院经历了复杂的功能置换和建筑改造，成为集合商业、文化和居住功能的混合住区，原先的庭院空间类型得到了保留和继承，但在城市功能上，这里转变成为集工艺品商店、艺术、餐饮和儿童游乐等功能于一身的城市公共庭院。历史建筑风貌以及内院独特的静谧品质使这里成为愉快而又宁静的市民活动场地。

图 4–14　柏林海克曼庭院

在这里，市民通过临时性城市家具参与，激发出许多出人意料的公共活动。记录的是一个发生在海克曼庭院的实验性户外课堂。学生将自己带来的可拆卸“遮阳座椅”带到庭院中自行组装，利用庭院中有着大树荫庇的小广场区域打造了一个临时性的课堂，座椅相互围合形成“教室”。值得强调的是，如果说上课是这些学生的私事，而这些临时座椅还不足以成为公共性的城市家具，那么下课后这里的活动完全颠覆了这一假设。课后的学生围绕这些座椅自由活动，吸引了来自社区周边的孩子一同参与，这时的座椅成了支撑这些孩子的聊天和游戏的城市家具，成为人们乐意驻足观看的一道风景，而许多路人为之吸引，并参与其中探其究竟。这一临时性城市家具的介入，使私密的课堂教学和社区的公共活动融为一体，城市公共空间的属性和特征变得模糊，公共生活变得如此自由、多元。

塞维利亚的都市阳伞。恩卡纳西广场位于西班牙塞维利亚的城市中心，“都市阳伞”（见图 4–15）通过一个城市公共空间的复兴项目在这里出现。之前该广场处于荒废状态并长期被侵占为停车场，设计师尤尔根·迈尔 - 赫尔曼（Jürgen Mayer Herman）想为塞维利亚这样一个阳光强烈的城市创造一个巨大的荫蔽空间，同时将原有广场改造为集地下考古遗址展示、地面农贸集市、餐饮酒吧、顶层观光于一体的公共空间。“都市阳伞”是当今世界上最大的伞状木结构构筑物，通过几根立柱支撑起横跨整个广场的巨型屋顶，形成开阔的城市灰空间，为市民活动提供庇护和艺术化的场所标志。“都市阳伞”可称为“被无限放大了的城市家具”，其前所未有的体量、复合型功能使城市家具与建筑物的概念区分变得模糊，带来了对城市家具的再认识和对未来城市家具演变类型的思考。

图 4–15 塞维利亚的“都市阳伞”

综上所述，从以欧洲为代表的西方文明脉络下的城市公共空间与城市家具发展历程来看，当代城市家具已不再仅限于作为宗教信仰与统治权力的符号象征，也逐渐在对现代主义时期忽略城市文化与场所特质的傲慢态度的纠正过程中走出了失落的困境，走向了更具日常性、场所性、艺术性和复合性的发展道路，越发强调城市空间对市民日常多元需求的人性关怀，体现了当代西方公共生活中对艺术表达、生态环保和个性追求的总体趋势；与此同时，公共生活主题和价值的转向也使得传统的城市家具的概念与内涵得到了拓展。

第二节　国内外城市家具比较

随着人们对精神生活品质的日益注重，城市街道所扮演的角色也越来越多，它除了满足最基本的交通功能外，还应该为人们提供美好的视觉感受、开放的交往空间、方便的生活设施以及承载历史文化的遗存。所以，城市街道反映着城市的历史、文化和生活。人们对街道的感知不仅涉及其路面本身，而且包括街道两侧的各种景观设施，如街道家具，这些设施虽然没有建筑物体积大，但它们可与周围建筑、空间等结合成一个协调的视觉环境，为现代化大都市增添无穷魅力。正是这些形形色色的设施，使普通的道路表现出自己的个性，使一座城市看上去生动活泼、富有特色。

城市家具是对应于城市公共生活需要而产生的，并与城市发展的历史密切相关。中国古代重农抑商，从事商业经济和市场经济的人是不入流的。在这种政策的指导下，中国城市街道的发展相对比较缓慢。唐朝是中国封建社会发展相对迅速和开放时期，但晚间仍然限制人的出行活动，并且有着严格的立法控制。因此，在城市中人与人的交流空间和场所是十分有限的。城市街道也相对发展缓慢。

中华人民共和国成立初期，很多城市的道路还是土路，即使是路面状况好一些的城市道路，也只配有一些路灯等最基础的设施，人们当时并没有“街道家具”的概念。

改革开放推动了城市公用设施的出现和应用，许多新建的城市道路都配备了必要的功能服务设施，但设置比较单一，只满足市民日常生活需要，如邮筒、座椅、垃圾桶等，很多设施缺乏艺术性。

进入 20 世纪 90 年代，随着计划经济向市场经济转变，人们的观念有了很大的更新，城市景观逐渐受到大众和专业人士的重视。城市街道和广场上的小品设施逐渐增多，人们追求功能与技术的完美结合，街道家具设计体现出较好的艺术性，人性化的设计开始提出。

21 世纪，许多新思潮、新技术涌入，民众开始倾向于对公共艺术的关怀与参与，在人性、艺术、审美、文化、传统、历史等多元性因素的作用下，人们对街道家具的设置要求越来越高，不但对它的功能、数量、耐久性与舒适性等有越来越高的要求，而且其美学造型、颜色、材料，以及与周围城市环境的协调搭配，乃至于设计创意及与市民生活的互动关系，也开始受到重视和关注，街道家具的发展迈入一个新的层次与高度，街道家具的品种和数量也在逐步提高。

下面，以城市雕塑为例，对国内外不同的城市家具进行比较。

一、国外城市雕塑

（一）巴黎凯旋门雕塑

巴黎——作为法国的首都是经济、政治和文化的中心，地处法国北部，塞纳河从市中心蜿蜒穿过，给这座城市带来了清秀和灵动的气息。整座巴黎城呈现从市中心向外扩散的放射状形态，巴黎非常重视其城市的发展和文化的传承。城中建设最重要的一条东西向的大轴线始于17世纪，顺着这条轴线，重要节点东起依次建有许多著名广场，如协和广场、星形广场、拉德芳斯新区、旺道姆广场、戴高乐广场、巴士底广场、浮日广场等，在这些主要的节点上都有声名显赫的城市标志性构筑物来诉说着这座城市的文化，通过构筑物和雕塑等艺术手法，诠释着每个广场的文化特色，彰显着整座城市的文明。

法国十分著名的凯旋门就位于戴高乐星形广场上，是为纪念非常有名的奥斯特利茨战争的胜利而建。门内墙壁上镌刻着曾经跟随拿破仑南征北战的386位将军的名字，门上有描写历次重大战役的四面浮雕，分别是《出征》《凯旋》《抵抗》《和平》（见图4–16）。为纪念一战中捐躯的法国官兵，于1920年在凯旋门下增设无名烈士墓，点着永远不熄灭的长明灯，法国每年7月14的国庆阅兵就从这里开始。整座凯旋门在艺术层面和历史文化层面都达到了极致，作为巴黎的一张城市文化名片无可厚非。

图4–16　凯旋门雕塑

（二）纽约自由女神像

纽约——是美国最大的城市和第一大港，它是美国乃至世界的金融中心，纽约的历史只有300多年，却创造了辉煌灿烂的城市文明。从19世纪开始，纽约就开始向世界大城市发展，19世纪中叶，纽约就已成为集金融、贸易、旅游和文化艺术于一身的国际大都市，至20世纪初，已成为与巴黎和伦敦齐名的大城市。这与它自身的包容性和开放性特征是密不可分的，从而造就了城市文化的多元性。位于曼哈顿地区著名的自由女神像就是这座城市自由、民主、开放、包容的形象载体。

雕像由法国雕塑家弗雷德里克·奥古斯特·巴特勒迪（Frédéric Auguste Bartholdi）设计，作为法国赠送给美国独立100周年的礼物，自由女神像在法国整整制作了8年，1855年运往美国，1984年自由女神像被列为世界文化遗产。从造型上来看，自由女神目光敏锐，双唇紧闭，身着罗马古代长袍，头戴象征七大洲四大洋光芒四射的皇冠，右手高举长达12米的火炬，左手捧《独立宣言》，上面刻着“1976.7.4”，脚下是挣断了的脚链和铁锁，象征挣脱了暴政和约束，追求民主与自由（见图4-17）。对于上千万的美国人来讲，自由女神像是他们摆脱贫困和压迫的象征，成为整个城市乃至整个国家精神品格的象征符号。

图4-17　自由女神像

二、国内城市雕塑

（一）海南三亚观音像

海南三亚——历史源远流长，古称崖州，文化姿态丰富多彩，是海南旅游名胜最密集的地方，佛经中记载观音菩萨为救众生而发十二愿，其中第二愿就是“常居南海愿”，于是成就了南山非常著名的观音文化。国外学者称观音是半个亚洲的信仰，也就是说在亚洲到处是信仰观音的国度，在这众多的国度里南山的观音文化因其地理优势又是最为声名显赫。南山的观音文化以南山观音圣像为重要的载体，观音圣像在建造中本着“传承、创新、经典”的理念，从形态、布局、环境等方面进行细部处理和整体创造，成为观音文化的代表作。如图 4–18 所示，观音圣像采用一体三尊的造型样式，满足各方位的视觉效果完整性。观音像高 108 米，用黄金 100 多千克，珍珠钻石 120 多克及其他翡翠珍宝 100 多千克，采用中国传统工艺，尽显华贵庄重的同时产生不同的色彩和质感，总耗资达 8 个亿，矗立在直径为 120 米的观音岛上，脚踏一百零八瓣莲花的宝座，座下为 1500 平方米的金刚台，观音岛由长达 280 米的普济桥与陆岸连接，并有面积达 6 万平方米的配套观音广场和主轴线两侧的主题公园，共占地近 30 万平方米，规模宏大。同时还运用了高科技手段，综合声光电技术进行大型灯光夜景展示，呈现了“佛光普照”“踏海而来”等观音文化艺术特效。

图 4–18　三亚观音像

（二）青岛《五月的风》雕塑

青岛——是山东半岛南端的一个沿海开放城市，也是中国最大的工业和旅游城市之一，近年来，青岛在城市规划、艺术文化、生态环境等方面都得到了全面的发展，成为世人瞩目的焦点。

为了让五四精神得以继续传承，也为了缅怀在“五四运动”中献出生命的朋友，青岛在 1997 年修建了以“五四精神”为主题的广场，并命名为“五四广场”。整个广场之魂由《五月的风》主题雕塑所统领，同时该主雕也是青岛的标志性雕塑，它以“五四运动”的精神为主题，充分展示了城市的历史足迹（见图 4-19）。雕塑高达 30 米、直径 27 米，重达 500 余吨，采用螺旋向上的钢结构造型，以单纯精练的艺术元素升腾为“风”之形态，雕塑表面喷红色油漆，在视觉上与周边环境形成强烈对比的同时，更体现出一种催人奋进、勇往直前的崇高精神，给人以力量的震撼，充分表达了五四运动反帝反封建的民族精神。主雕对面的海域中设有可以喷射百米的音乐喷泉作为其补充，极大地增强了景观艺术效果，在精神层面也得到了很大的提升。整座雕塑成为有着光荣传统的青岛人的品格载体，《五月的风》吹走这座城市昔日的伤痛，以新的姿态和面貌向人们展示，与爱好和平的人一道携手共进。

图 4-19 《五月的风》雕塑

（三）上海《东方之光》雕塑

上海——是中国第一大城市，上海这座城市不仅是我国重要的科技、贸易、金融和信息中心，更是一个国际文化和交流的地方。上海的文化被称为“海派文化”，是在中国江南传统文化的基础上与欧美文化相结合而酝酿出来的一种特色文化，从另一方面又体现出这座城市的文化具有包容性和开放性的特征，既古老又现代，既传统又时尚，形成独特的城市风格。矗立在上海浦东新区的世纪大道和世纪广场交界处的著名城市雕塑——《东方之光》，是城市文化形象的完美演绎，雄伟大气、通透灵秀、寓意深刻，成为上海这座城市一个新的文化符号。该雕塑以象征性为主，紧扣跨越世纪的主题，与城市的整体形象相统一，与现代建筑氛围相协调，是浦东高速发展的象征，是新世纪、新上海、新姿态的展现。

《东方之光》雕塑背靠大型广场和世纪公园，应用中国传统文化元素——日晷为原型（见图 4-20），通过现代的艺术造型手法进行结构和重组，用不锈钢管构成错综复杂的网状结构，垂直高度达 20 米，雕塑共用了 24 吨槽钢，构建 100 多米的台架，如此现代的雕塑语言与科学技术的完美结合，在国内尚属首例。从理念上讲，该雕塑蕴含着深刻的历史文化内涵，日晷这一元素让人们联想到博大的历史文明，晷针穿过的中心代表中国，中国文明以中心为原点，以时间为轴线向外扩展、延续和辐射。从造型上看，上小下大的造型手法在视觉上符合人的审美习惯，更显庄重，整座雕塑的造型在传达日晷形象的同时又有高科技卫星天线的形态暗喻，体现的是一种现代科技文明。

图 4-20 《东方之光》雕塑

由此可见，无论是国外还是国内，城市雕塑都有着不同的形态，形态各异，代表着各自的文化，与国家、城市的历史息息相关，是一个城市乃至一个国家文明的标志。

第三节 城市家具的属性

一、空间属性

不同的文化与社会内因催生了不同的城市理想，也决定着城市空间上的结构和形态。在以欧洲和中国为代表的东西方文明中，我们可以发现城市家具在热衷城市广场并且以其为空间结构核心特征的西方城市中，有着更为活跃的表现，而在忽视城市广场，关注于建筑内部私密或者半私密庭院空间的东方城市中，城市家具却没有得到合理的重视并蓬勃发展起来。如果说对公共生活的价值取向是城市家具发展的文化内因，那城市空间结构层面的要素组成（如广场、街道）则是城市家具所必需的空间载体。由此可见，城市家具在不同文化背景下的城市空间中呈现出截然不同的发展轨迹，是由非物质层面和物质层面的双重原因所决定的，即价值认同的文化差异性；城市空间的结构性要素及其特征。

从物质层面来讲，城市空间的结构性元素是城市家具角色发挥的物质先决条件。城市家具同样作为城市空间的物质性元素，其在空间构成上不具备结构性意义，具有明显的非结构性特点。但作为维系人和城市空间结构性元素之间的中间维度，它又是城市空间当中最具亲体性的物质构成，在空间造型与空间尺度调节方面发挥着微观层面的细腻化作用，可以对空间性格和空间感知产生重大影响。在此，本书首先对城市空间结构、城市空间结构元素和非结构元素的概念和内涵进行必要的阐述及说明。

（一）城市家具与城市空间结构

1. 城市空间结构的概念

格哈德·库德斯（Gerhard Curdes）在《城市结构与城造型设计》一书中按照尺度的不同将空间结构进行了一个层次上的划分，空间概念最高的境界是“抽象空间”，其后是“大气层”“地球表面”和“地理空间”。“地理空间”又可分为“自然空间”和“人文空间”，两者均具有正和负的结构特性，“正结构”是指“建筑实体结构”，“负结构”包括“公共”和“私密”两大类。而对于城市的空间结构研究来讲，公共性的“负结构”是本书研究对象的基本点，它包括“城市绿化”和“城市空间”，后者主要以“街道”和“广场”来体现。库德斯的分类并未将城市绿化纳入城市空间的范畴，而是将其看成是与城市空间平行的一种能够元素，可见这是由于城市绿化公共性不强，社会功能与城市空间有所区别而造成的。库德斯的分层方法基于一种人能够把握的尺度和想象范围，非常明确地界定了城市空间的基本范畴，城市负结构中公共性部分的组织与构成。

2. 城市空间的物质构成元素

值得强调的是，库德斯的城市空间结构层次在较为直观的尺度上为我们建构了考察城市空间二维结构构成的方式。一是广场和街道与城市整体结构的关系；二是广场与街道同时作为与城市空间结构元素的相互关系。前者是最为宏观的观察，解释城市空间结构元素在城市整体结构以及公共生活中的重要地位，后者则从中观角度解释广场与街道的相互组织关系。然而当我们以一种微观的方式，从三维视角考察城市空间时，广场和街道作为主要的城市空间类型，其三维形态首先由起结构性作用的物质元素所构成，即构成广场与街道的空间实体界面系统：边围、基面和家具。在《城市广场》一书中，边围、基面与家具是共同构成城市广场物质构成的三要素，《城市广场》基于广场视角对边围、基面、城市家具描述如下。

（1）基面

“基面是建筑空间造型的基础性元素，也是建筑构成的基石。人们在想象边围或家具这些垂直元素时，自然离不开与水平基面的联系。缺少了基面，广场的边围将无法定义，家具也将悬浮在空中。仅基面的特征就可以确定城市广场的空间性格。”[①] 在传统的城市造型中，广场的基面一般就是地面，然而随着城市空间的立体化，地面的概念模糊，广场的基面可以是地下车库、地下商业街、地下通道以及其他地下设施的屋顶，也可以是高出地面的建筑的屋盖，但也可以下沉空间的模式出现。

（2）边围

城市广场的造型中，边围是最复杂的元素，边围通常包含了建筑的立面或者整个建筑实体。所以边围既可以看成是二维的元素，也可被理解成三维的实体，这取决于边围构成元素的组织方式及其相互关系。而垂直元素是建筑造型的关键性元素，它起到围合空间的作用，对广场空间的封闭性是决定性的。缺少了边围，城市广场的三维空间概念将无法想象。从心理学角度看，它是使广场空间产生安全感的主要因素；从社会学角度看，它以自身的功能定位成为广场活动的主要行为支撑，它反映着发生在广场上的活动方式。边围的概念具有两层含义，即边界和建筑，其意义既涵盖限定广场基面轮廓的边界，又包含这一轮廓基础之上的建筑实体。同时，边围并非始终与广场的边界（供人活动的基面轮廓）一致，它可以位于广场空间的内或外，并对广场空间的围合效果产生影响或干扰。边围的尺度、形态、肌理、开口对广场空间的围合性、方向性以及整体空间品质都有着重大影响，《城市广场》对此有着详尽的论述，在此不再过多地展开。

---

① 蔡永洁：《城市广场：历史脉络·发展动力·空间品质》，东南大学出版社2006年版，第101页。

（3）家具

家具既不是广场造型的决定性元素，又不是必备元素，所以在众多的相关研究中，家具的影响都被完全忽略。它的效果主要体现在对空间的细腻化，但是在某些情形下也能产生重大影响，甚至彻底改变广场的原有特征，如卢浮宫的新入口（见图 4-21），玻璃金字塔同样使这个历史性的广场焕发了生机，广场家具在这样的空间里甚至成了最引人注目的元素。上述观点突出了城市家具对于城市空间结构性形态与特征的非决定性和非战略性，城市家具的核心价值主要体现在其空间塑造和行为支撑的双重意义上。

图 4-21　卢浮宫新入口

需要指出的是，《城市广场》一书中所提出的城市广场物质构成三要素分别是边围、基面、家具，以及结构性和非结构性元素的理论观点对于广场、街道、庭院、公园等城市开放空间类型同样适用，尤其对于最为典型城市开放空间——广场和街道而言，边围、基面是构成其空间形态的结构性元素，而城市家具则是其中的非结构性元素，边围、基面和城市家具三者共同构成广场和街道空间的物质性组成元素。

3. 城市家具：城市空间的非结构性元素

基于库德斯的空间正负结构划分，三维的城市空间作为公共性的负结构空间，它的存在是必须以结构性的空间界面为前提的，离开了界面的分隔，空间也不再有正负之分。边围是横向上的界面，形成建筑内与外的正负之分，基面则是竖向上的界面，形成大地和天空的正负之分，让一切有了承载。因此，边围和基面是形成城市空间三维形态的结构性元素，这两者缺失其一，空间结构都不再完整，正因为如此，蔡永洁将城市广场的三种物质要素当中的边围和基面定义为城市空间的结构性物质要素。城市家具则不同，它在城市空间的结构生成上不具备决定性意义；相反，它是城市空间中的填充物，它的作用和角色发挥也必须依托城市空间的结构形态为基础。它的作用主要体现在对空间的细腻化和对行为的支持，作为城市空间构成的非结构性元素，对城市空间的结构性特征不具备战略意义，这一属性由于城市家具在先天尺寸、体量方面的微观尺度特征以及建造方式的相对灵活可变性所决定的。

在某些情形下城市家具能对空间形态产生重大影响，甚至彻底改变空间原有结构形态的特征，许多城市广场与街道的改造就是通过城市家具重新塑造了空间原有的形态和特征。如贝聿铭设计的卢浮宫的新入口，玻璃金字塔同样使这个历史性的场所焕发了生机，广场家具在这样的空间里甚至成了最引人注目的元素。随着时代和技术的进步，一些城市家具在体量、尺度和形式上不断突破传统的界限，一些新型的巨构式，或者与建筑、基面融为一体的新型城市家具足以凭借自身的形态改变着原有城市空间的结构形式。当然，本书并不以这种具有特殊性和模糊性的城市家具类型作为重点研究和考察的对象，而是聚焦传统意义上的常态城市家具类型。

（二）城市家具与空间造型——尺寸、形态、位置

本部分将揭示城市家具对城市空间形态及其品质的影响，因此，首先需要对实体、空间、空间形态等关键概念进行界定。

何为空间？就东方而言，老子曾从道家哲学的观点给出如下解释：“埏埴以为器，当其无，有器之用。凿户牖以为室，当其无，有室之用。故有之以为利，无之以为用。”[①] 老子的解释并不是对空间做出直接定义，而是通过建造的哲理揭示出实体与空间的辩证统一关系。而就西方而言，对空间的定义和解释经历了长期的讨论，其中一段最为精辟的解释源自与老子几乎同一时代的柏拉图，他认为空间是所有事物发展的母体和载体，是一种使所有的可以想象的造型成为可能的客观存在，它收容所用的东西，像一种可塑的材料，准备着为每一种物体留下痕迹，并受所有进入它的物体的驱使而运动，而产生造型；因此，它的形式不断变化。从以上可以看出，东西方两位先哲都以一种实体与空间的辩证统一观点对空间的定义进行解释，其本质也印证了《易经》当中阴阳相生、不可分离的宇宙观。因此，无论是对于实体还是空间而言，它们的存在与被感知都依赖彼此，空间收纳实体，实体又限定出空间，而在

---

① 岳昌强：《道德经》，四川人民出版社 2019 年版，第 30 页。

建筑与空间造型的意义上，空间和实体的相互作用正是建筑空间造型的本质所在。

正、负空间的概念常常被用以描述实体与空间的这种二元关系，这一概念和《易经》中的阴阳虚实观念是吻合的。正、负空间作为阴阳观念的空间表达，其在视觉感知上可以体现为黑白图底关系，并和这一图底关系的感知与认识方式紧密相关。正、负空间相互依存并定义着彼此，在观察过程中，对象和背景的图底关系在两者间相互转化，且依赖观察者的选择和视角。

著名的鲁宾的杯子是对这种现象的经典解释（见图 4–22）。在两幅黑白反转的图形中，当视线聚焦在中央时，则会感觉到中间的图形是杯子，图 4–22（a）白色部分和图 4–22（b）黑色部分就像是无形的空白，而当视线聚焦图中两侧时，则会感觉到两侧的图形是人脸，图 4–22（a）黑色部分和图 4–22（b）白色部分则会看成是两个侧脸之间的空隙，中间的线条勾勒出两人的面孔侧影。尽管两张图黑白图底颠倒，但每张图都可以被理解成杯子或者人脸，对象与背景的相互对应与转换关系并未受到图底反转的影响，对象与背景关系的确立关键是视线的观察和聚焦方式。

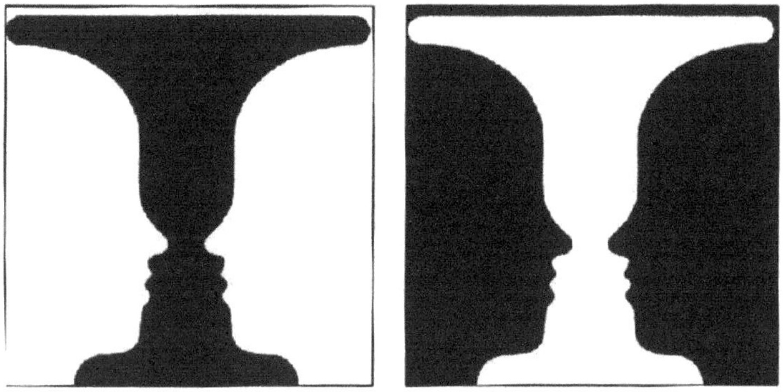

图 4–22　鲁宾的杯子

由此看来，尽管空间造型在本质上是实体与空间的相互作用，这是基于唯物论哲学观而做出的判断，属于哲学命题，但如果我们要讨论和寻求空间造型的意义和价值，则又必须从感觉和认知角度来考察人对空间造型的感受，这同时也是一个美学命题。人作为主体的感知和审美过程是我们讨论空间造型时无法回避的一个方面。

审美首先始于感知，人对于外在世界的感知过程依赖人的感官功能所能涉及的一切，包括视觉、触觉、听觉、味觉、嗅觉等直观经验，并基于这些直观经验逐步上升至更高的审美体验层面。尽管对物质空间的体验由所有的感官体验共同构成，但对于空间造型而言，人的视觉功能是对空间的"形"进行体验与认知的主要途径，因此视觉是对空间造型认知展开讨论的重点。

前文提到，库德斯的空间正负结构划分原则被运用在观察城市空间结构形态的观察上，反映在城市空间形态的图底关系，而图底关系作为"形"的表达，它的生成也是以人类认知的基本功能之一视觉为基础的。视觉源自格式塔心理学（完形心理学）的概念。格式塔是德语"Gestalt"的译音，其含义不是指事物本身的形式或形状，而是"一种由知觉活动组织成的经验中的整体"，中文译作"完形"。格式塔心理学关注的"形"即"格式塔"，其核心思想认为："任何'形'都是知觉进行了积极组织或建构的结果或功能，而不是客体本身就有……乃是经验中的一种组织和结构，而且与视知觉活动密不可分。"[①] 格式塔完形理论揭示了人在观察和认知事物时具有一种追求结构整体性和完形性的内在规律性。因此，无论对于图底关系当中的正结构抑或负结构，当我们置身在城市空间观察四周时，均会形成自身对于实体或是空间形式本身（形式或形状）的图形认知和把握，即格式塔。鲁道夫·阿恩海姆（Rudolf Arnheim）基于格式塔心理学理论系统论述人的认知和审美思维并指出，格式塔反映了人们对"形"的感觉和认知过程中的思维规律性特征，也是进一步产生愉悦体验乃至审美体验的关键。

由此看来，城市空间形态涉及两个层面上的含义，其本身物质构成上的形式"form"以及使用者对这种构成的感受与认知，即格式塔"Gestalt"。从实体与空间的辩证统一性来看，城市家具作为具有三维属性的物质实体，其物质实体属性决定了它同时具备着塑造空间形态的功能和属性，从而影响人们思维当中的格式塔。其中具体分为尺寸、形态、位置这 3 个方面。

1. 尺寸

城市家具的尺寸大小会影响空间形态以及空间感知，过大的家具设置改变人们对空间的总体把握，横向上的尺寸延展可以将原先整体的空间划分开了，但其延展度依然有限，受到空间边围条件限制的制约，但城市家具的尺寸在纵向高度可以说不受限制，城市家具往往是空间中的点状元素，其高度有很大的变化区间，形成的空间感知也不尽相同。城市家具可以是低矮的座

---

① [美] 鲁道夫·阿恩海姆：《视觉思维：审美直觉心理学》，滕守尧，译，光明日报出版社 1987 年版，第 4 页。

椅，也可以是高大的雕塑，甚至可以是高耸的方尖碑。从人的视觉感受来看，人眼视高是一个分界线，低于视高的家具对空间形态感知影响较小，甚至可以被忽略；高于视高的家具对形态感知的影响将大大增加，也可以起到空间划分的作用。

在芦原义信的研究中，家具的空间影响按其高度可以分为以下几种：低于 0.3 米，家具的空间效果可以与地形变化相比拟；高度到 0.6 米时，它开始产生空间影响；直到 0.9 米，它对空间的影响不大；在 1.2～1.5 米时，它超过了人体高度的一半，这样的家具开始有了划分空间的能力；当高度达到 1.8 米时，它与人体基本等高，空间影响力快速提升。

2. 形态

按照阿恩海姆的理论，无论大小，每一种实体周围都拥有一个和自身形态相应的场。一个圆柱形的塔拥有一个形态对称的场，一件雕塑也需要相应的空间大小以展示自己。所以家具必须构成与广场空间相适应的形态及比例关系，才能达到理想的空间效果。

独立设置的城市家具往往是作为重要的纪念物或重要的空间设施，它们会在空间当中产生一个重心效果，以突出自身的形态和作用。以重复叠加形式出现的城市家具多数情况下不像独立设置的家具那样具有纪念性特征，而是一些较为普通的实用功能性设施，如路灯、座椅、喷泉、路滑等，但它们同样可以非常直接地被运用到空间的形态构成上。以克里斯蒂安·诺伯舒兹（Christian Norberg-Schultz）的三种空间组织方式分别是点、线、坐标体系为例（见图 4–23），城市家具在以单个或重复叠加形式出现的组织原则也可分为向心式（点）、线形布局式（线）、区域扩张式（面）。

图 4–23　城市家具的三种空间构成方式

呈单个点布局或围绕着一个中心点呈围合状布局的家具均可以在空间中形成一个具有向心性的场或区域，其向心性的强弱取决于中心点式或周边围合式家具的造型、体量及其围合程度；线形布局的家具通过一系列的并置方式构成明确的延展线形，可以是直线形、曲线形或不规则形，这种组织方式不会破坏空间的整体性，但可以赋予空间明确的方向性，也能对空间区域进行划分，对行为路径具有较强的引导性；区域扩张式的家具组织方式是将城市家具以坐标体系组织的面状方式扩张布置开来，这种方式没有明确的方向性，但能形成如棋盘状的面状覆盖区域，并将该区域和空间其他区域区分开来，其中家具的形态及其分布的密度、肌理对该区域原有的空间形态、整体性、尺度都能造成明显的影响。这三种基本组织原则可以通过变形派生出新的方式，也可以相互搭配组合使用，并创造出不同的空间形态与效果。

柏林宪兵广场（见图 4-24）是一个采用了向心式和区域扩张式两种基本布置原则的典型例子。整个宪兵广场是由三幢纪念性单体建筑所控制的三块广场区块共同组成的，除了东侧广场是主要依靠基面草坪绿化打造出的一个巴洛克花园小广场，中央广场区块和西侧广场区块均是通过不同的家具组合方式形成截然不同的空间形态和效果。中央广场区块采用了有向心式的家具布局方式，该区域以完全对称的方式在四个角上呈向心式地布置了呈“L”形的长椅组合，每组长椅组合后同时设置约 1 米高的石墩链条保护带，形成明确的隔离性路径阻隔，四组“L”形长椅组合同时又限定出一个具有明显边界形态和向心性的矩形区域，该区域的几何中心布置着作为空间视觉中心的席勒人像雕塑，四角的向心式家具布置和中央点式家具布置共同配合，烘托出严整、稳定、艺术性的纪念性氛围。

图 4-24　柏林宪兵广场

宪兵广场的西广场区块则是通过离散式的绿化树阵，营造出的一片空间“私密森林”般的花园式广场，该区域的空间体验和感受与音乐厅门前的中央广场区域截然不同。该区域采用低矮的小树冠植树按照约 4.9 米的方格网坐标阵列布置，并几乎覆盖整个地块，形成一片具有极佳整体覆盖效果的硬地绿化广场。很显然，这样的空间并不适宜纪念性活动的开展，也不利于在此欣赏城市全貌，但这一特殊的幽静与私密氛围同样吸引了大量的人群在此停留，滋养着与中央广场区域非常不同的活动类型，如亲密聊天、休憩、午餐、午休、阅读、教学、独处等，尤其在夏日，许多人钟爱在这片区域享受片刻私密与清凉。

宪兵广场中这两个空间品质不同的广场地块彼此配合，相得益彰，为不同类型的公共活动提供了各自适合的场所，从活动与社会品质层面来评价，两个广场可谓不分伯仲。

线形布局式的家具布置方式在城市广场空间中也经常被使用到，多数情况下是通过线形排列限定或划分空间区域，引导方向与路径等，其所形成的空间指向性的强弱会随着家具的线性布置方式而变化。古罗马庞贝古城的论坛广场（见图 4–25）就通过广场上雕塑的线形布置营造空间的轴线关系，广场通过两尊大型的雕像构成中心轴线，广场周边紧贴柱廊的地方也以直线形的方式密集设置了许多小型雕塑，形成广场边缘的次级轴线。这些线形布置的家具丰富并强化了广场的边缘形态，同时形成柱廊和广场之间的空间过渡和层次。

图 4–25　古罗马庞贝古城的论坛广场

另一个线形布局式的例子是巴塞罗那奎尔公园的“龙椅”（见图 4–26），家具在这里以一种不同的曲线方式参与空间的围合与塑造。由于该广场位于坡地建筑的屋顶。建筑师高迪在建筑屋顶部分的广场边缘处采用了一气呵成的曲线形长椅，围合了整整半个广场的边缘，作为安全围合的同时也作为休息就座区，“龙椅”采用碎花拼贴的马赛克构成连续不断的精美图案，同时“龙椅”曲线形态的自由变化、蜿蜒开合，形成许多无态有机的半包围微观区域，这种半围合的区域具有理想的空间限定与围合效果，让人群既能观看热闹的活动，又获得了自然而然面面相向、相互聊天的休憩与就座方式。大量的市民被吸引，在此就座、聊天、观赏城市，形式与功能得到完美结合。

图 4–26　巴塞罗那奎尔公园的“龙椅”

线性布局式的家具布置方式在城市街道空间中使用较多。由于街道空间自身结构性的线性特点，街道上布置的城市家具往往也是呈线形方式沿着街道布置，如行道树、路灯、座椅等，但这并不意味着其他布置方式不适用于线性的街道空间，相反同样能取得良好的效果。瑞士小城伯尔尼（见图 4–27）便是一个在街道空间中采用了向心式布局家具布置方式的典型例子。伯尔尼街道上以点状方式布置的街心泉雕像是这座城的一道独特景观，带有不同雕像主题的圆柱以立体的方式矗立在主要街道的中心，并靠近街道交会路口的不远处，具有很强的标志性。圆柱雕像下方设有水池，路人可以在此取水、休憩、驻足停留，街道空间原有的流动性被打破，成为具有向心性和停留性的场所，每逢节假时，人们还会围绕着街心泉周边布置传统集市，街道空间发挥出了广场的功能。

图 4-27 瑞士小城伯尔尼

随着时代的发展，城市家具在自身造型以及在空间中组织方式越发走向多变，我们能看到许多造型新颖的城市家具和许多不规则的自由组织方式，也能看到甚至和边围建筑或基面融为一体的新式家具，这些不同的家具形态和它们的空间组织方式创造出越发混合而多样的城市空间形态与体验，充分展现着城市家具对城市空间形态的巨大影响力。

3. 位置

城市家具对空间造型的影响不仅取决于自身的尺寸、形态和组合方式，而且表现在它与城市空间的相对位置关系，即它在空间中所处的位置。城市家具在空间中的位置能加强或干扰空间的方向性，对空间的整体感知以及围合性产生间接的影响，它也能通过彼此之间或者和结构性要素（如边围）之间的相对位置关系重新确立空间的形态及尺度。当家具位于空间中心时，它能强化空间的向心性；当家具的轴线与空间轴线吻合时，它又能强化空间的方向性，反之则起干扰作用。这种特性不仅在城市广场中发生作用，而且于街道空间也同样适用。

以街道空间为例，庞贝古城的街道水井是为了方便市民和过往路人的取水之需，因此它们往往设置在道路的交会处，并紧贴道路的一侧，方便且不会对街道的交通造成影响，对街道形态、尺度以及空间方向性和流动性影响较小。伯尔尼的街心泉则完全不同，它设立在街道的中心，采用主题雕像和水井结合的方式，其尺寸和体量足以与街道两侧等高的建筑构成中心对称的空间构图格局，具有明显的向心性，强化了空间的停留感，弱化了街道的线性流动趋势，形成具有纪念性的街道式广场。

如果说以上两个例子是前汽车时代的城市街道家具，那随着技术的发展和汽车时代的到来，我们的城市街道在空间和功能划分上也越发依赖城市家具，家具在街道空间中的位置关系对空间的形态、尺度、感知和使用方式有着重大影响。以街道断面为例，街道的断面形态和尺度首先是由结构性的建筑、基面的形态而确定的，但随着家具的介入，街道空间的形态和层次随即丰富起来，空间尺度也得到调整和收缩，一些微观的亲人空间得以形成，即便是同样的家具，随着它们在空间中的位置以及相对关系的调整，街道空间的形态和划分方式随之发生改变，从而导致了空间张力和细分尺度都发生着微妙的变化，这也会直接影响人们在街道上空间感受以及行为方式。

在广场上，家具的位置同样会带来空间张力的变化，使广场空间在大小和形式上产生不同等级的区域。在广场结构形态不变的前提下，当喷泉水池位于广场角落并处在入口街道的交会处时，它更像是进入广场的视觉对景，并通过自身体量形成空间尺度的过渡，这一布局是以家具点缀广场空间，对中央开放区域干涉较小，不会影响广场中心区域的整体开放性，同时强化了广场的某一区域。我们尝试将喷泉位置向广场的中轴线位置靠近并最终移至广场中心时，可以发现在广场空间形态的中心对称感会逐步增强，直至最后达到极具对称性和向心性空间感知。喷泉水池在广场中的位置对空间性格特征能产生影响，当它位于几何中心时，空间的纪念性和仪式感增强，而当它位于广场周边并和边围相互作用时，又能强化广场内的某一区域，消解广场的几何对称感，这一现象在中世纪许多类似的城市中心广场上得到充分的运用和体现。

二、社会属性

功能是使对象能够满足某种需求的属性。凡是满足使用者需求的属性都属于功能的范畴。功能的实现首先不能离开其载体，功能与载体相结合是其得以实现的前提。其次，功能的实现离不开使用者的参与行为。正是由于使用者的参与行为，使用者的需求得以实现，功能才得以体现。因此，功能与行为是对应而生的，功能的定义可以被理解为一种行为模式，通过此行为，某物实现了它的目的，即功能。一张椅子具有就座的功能，是通过人的“坐”这一行为来定义的，对于一只飞鸟而言，椅子便不再具备“坐”的功能，可见功能的定义也是具有相对性的，它不能脱离使用者的参与行为而存在。城市家具是为了人的不同使用需要而置入城市空间中的物质载体，它在本质上体现着物质性和功能性的统一，是城市空间中的功能载体。

作为功能载体的城市家具满足着人们在城市空间中的各类需求，激发各种使用行为，并构成我们所看到的活动百态。从生理学家的观点来看，行为是人体器官对外界刺激所产生的反应，而活动则是由共同目的联合起来并完成一定社会职能的动作的总和。有哲学家指出，行为就是人们日常生活中所表现的一切活动。可见行为的定义视角具有单一性，通常针对个体而言，而活动的定义视角则具有群体性和社会性，是行为的集合。因此，本书倾向于将城市空间中的行为和活动中作为同一概念范畴进行讨论，从“活动—功能”的相互对应视角，对城市空间中的活动分类与功能诉求进行论述。

对活动的分类方法较多，而将行为或活动分为静态与动态两类是比较常见一种。这种方法也被较多地用于公共活动的考察，一般认为，站立和坐憩两种姿态属于静态活动（又称为“逗留”），行走、跑步属于动态活动。交通规划研究十分强调对动态活动的记录。而对于静态活动而言，它是城市设计研究领域考察空间总体品质的重要参照和指标。

除了按照动、静状态对公共活动的分类方法外，扬·盖尔（Jan Gehl）也提出过必要性活动、自发性活动和社会性活动①这三种户外活动分类方式。基于行为的性质，《城市广场》一书将活动分为六类分别是政治性活动、宗教性活动、经济性活动、军事性活动、社交性活动、休闲性活动。随着日常性逐渐成为城市公共生活的主题，越来越多的学者也对当下“日常性活动”这一特殊的公共活动持续关注。因此本书在此将以仪式性活动和仪式性的日常性活动作为公共活动的两个主要类型，并以此对城市家具的“功能—活动”属性进行如下概括。

（一）仪式性活动

仪式性活动指的是涵盖政治性、宗教性、军事性、纪念性等具有仪式性的集体活动类型，在此种类型的公共活动当中，城市家具往往是作为重要的符号象征而存在的。从城市家具的历史溯源部分我们可以看到，城市家具在出现之初就已经发挥着重要的符号象征作用。从古希腊的雅典娜女神像到古罗马的凯旋门，站在今天的视角下，这些城市纪念物反映着当时城市的文化

① [丹]扬·盖尔：《交往与空间》，何人可，译，中国建筑工业出版社2002年版，第13页。

精神世界，表达了当时的统治阶层的观念和思想。而从当时的视角来看，这些极具象征意义的城市纪念物和当时人们所进行的公共活动的内容及形式是密不可分的，它们往往占据着广场或街道的重要位置，人们的纪念性活动围绕或依托着这些主题家具而展开，作为符号象征的城市家具的存在，是为了支撑人们所期望的公共活动的展开，使空间和活动在形式与内容上得到统一，城市空间的社会意义得到展现，公共生活的内容和意义得到升华。

纪念物是城市家具中最引人注目的类型，它能决定一个广场的基本类型，使之获得社会学意义，这种意义随纪念物的不同而发生变化。它可以是政治性的，如协和广场上的方尖碑和旺道姆广场上的纪念柱；它也可以是宗教性的，如圣彼得广场上的方尖碑；它也可以是艺术性和社会性的，如卢浮宫广场上的玻璃金字塔。古希腊集市广场上常常站满了神或名人的雕像，它们也是具有宗教和政治的目的。所以，设置纪念物是展示广场社会属性的方法，它甚至可以从社会学角度决定广场的类型。

如果说城市广场是一个为了活动而搭建的舞台，城市家具就是营造舞台氛围必不可少的布景道具。可以想象，失去了作为符号象征的城市家具，相应活动形成所需要的空间氛围将会丧失殆尽，活动的品质也将大打折扣。因此，作为符号象征的城市家具对城市空间的类型和活动的性质发挥着决定作用，在一定程度上具有重要的社会学意义。

（二）日常性活动

日常性活动是以日常需求为目的的行为与活动类型的集合，日常需求的定义较为广泛，其内容也涵盖日常生活如工作、休闲、娱乐等方面的需求。美国学者玛格丽特·克劳福德（Magaret Crawford）在《新都市主义》中也就日常性需求的多义和丰富性做了详细描述。

扬·盖尔在其《交往与空间》一书中所提出的必要性活动、自发性活动和社会性活动这三种，户外活动类型也体现了城市空间当中日常性活动的核心构成元素。对于日常性的城市公共生活而言，它们的形成更是无法脱离城市家具物质实用性的功能支撑。城市家具的实用性是使其成为行为支撑的又一本质属性，如果说符号象征性是城市家具的精神功能，那么城市家具的实用性则涉及其物质功能性。

以座椅这一最为简单的实用城市家具为例，美国社会科学家威廉·怀特通过研究发现，与空间当中休憩者数量最为相关的是坐憩设施的长度。依照他的结论，如果没有为人们提供足够的休息座椅，再美观的设计也无法促进人们在此长时间停留，后续的二次活动转化更是无从谈起。古罗马庞贝古城里的街道水井就是为了解决市民取水问题而设立的实用性城市家具，并以实用功能性的目的性活动促进街道公共与交往活动等社交性活动的连带形成。在中世纪，喷泉水池的实用性、功能性还不断结合其符号象征和艺术功能，成为广场或街道上实用而美观的城市景观，如德国中世纪纽伦堡集市广场上的美丽泉。而随着时代和技术的进步，越发多样的实用功能性城市家具类型装点着我们的城市空间，也不断改变着我们使用城市空间的行为方式，路灯的设置在一定程度上解决了城市空间的夜间照明问题，让人们可以在夜晚也能方便又安全地行走；公共座椅的设置让人们可以随时就座和歇息；景观和植树的设置可以让我们在城市空间中找到一片自然的角落，或赏心悦目，或享受夏日里的阴凉；游戏设施的设置让孩子们可以嬉戏和玩耍；零食售货亭的设置也方便着过往行人；体现现代科技的甚至无形的城市家具如公共 Wi-Fi（无线网络）的设置可以让人们驻足停留的同时查阅电子邮件，总之，这些数不胜数的实用性城市家具虽然不像作为符号象征的纪念性家具那样对空间类型塑造起决定作用，但它们的存在默默地支撑起空间中一起起简单、实用、平凡而普及的使用活动，并汇集成多样而丰富的日常公共生活。

（三）活动多元与转化

需要指出，城市家具在精神功能和物质功能层面同时具有复合与多义性，可以集符号象征、实用、休闲和艺术功能等不同功能属性于一体。正如一张座椅，首先具备的是支持“坐”这一行为的使用功能，当它出现在合适的公共场所中，它又可以支持朋友或情侣之间交流功能，也可能成为午后小憩的躺椅，甚至还可以作为一个设计精美的艺术品供人们欣赏。因此从行为激发的层面来看，城市家具不仅对基于实用功能本身的行为有直接的触发效应，同时也对依托乃至脱离其基础实用功能的“连锁性”活动具有触发效应对不同类型活动之间的相互转化起着至关重要的催化剂作用。按照扬·盖尔所提出的必要性活动、自发性活动和社会性活动三种类型划分，以及他对连锁性活动的概念描述为例，必要性活动主要包括那些不由自主的活动，如上学、上班、购物、等人、候车等，属于日常工作和生活食物所需的活动类型，这类活动是必要的，通常与外部环境关系不大，参与者选择余地不大；自发性活动则是一类全然不同的活动，只有在人们有参与意愿并且在时间、地点可能的情况下才会产生，如散步、呼吸新鲜空气、驻足观望、坐下晒太阳等；社交性活动则是公共空间中有赖于他人参与的各种活动，包括儿童嬉戏、互相打招呼、交谈以及最广泛的社会活动——被动式接触。而社会性活动又可称为“连锁性活动”，因为绝大多数情况下，它们都是由前两种活动发展而来的。人们在同一空间中徜徉、流连、停留，他们的目光接触与相互观望本身就是一定程度的交流，这也是建立彼此信任的第一步，并且会自然地引发随之而来的各种社会性活动。这就意味着要改善公共空间中的必要性和自发性活动的条件，就会间接地促成社会性活动。

扬·盖尔在其系列研究和著作中强调，不同类型的活动对物质环境的要求都大不相同，必要性活动很少受物质构成的影响，而自发性活动则十分依赖外部的物质条件。因此，只有当物质空间和环境尽可能地适应不同类型的活动在其中共同形成，才能最大限度地促进不同类型的活动相互转化和共生，使活动的强度和复合度同时得到优化。城市家具作为公共空间物质条件的基本组成要素，对于自发性的交往类型活动，城市家具的功能多义性是激发不同需求使用者参与意愿，增进自发性活动形成的重要基础，这对于进一步促进社交性活动的形成、提升公共空间的公共品质有着战略意义。尽管扬·盖尔在其理论观点中没有直接对城市家具进行系统的专项研究和论述，但它的研究成果已经间接表明了城市家具的价值，这也正体现了对城市家具加以系统性研究的意义。

第四节　特定场所城市家具的设计

一、“城市家具”的场所精神

城市家具的设计应以创造人性化场所为目标，为人们创造理想的户外生活空间。设计师的个人表达固然重要，但设计作品如何有效地诱导、呼应场所特性是其深层的意味和内在要求。一般说来，“城市家具”所处的场所有多个层次。芦原义信把户外为行人提供的空间大致分为运动空间和停滞空间，简称为“M 空间”和“S 空间”。“M 空间”可用于向某个目的前进、散步、游戏、比赛、队列行进或其他集体活动，“S 空间”则可用于静坐、眺望景色、读书看报、等人、交谈、恋爱、合唱、讨论、集会、仪式等。尽管户外空间可分成运动空间和停滞空间，但是人们发现二者既有完全独立的情况，又有浑然一体的情况。因此“城市家具”的单体形态及群体组合应尽可能配合其空间特征，共同创造出有明确用途的场所并揭示场所的内涵。基于这一设计理念，在设计城市家具时应充分考虑空间的大小。铺装的质感、界面的造型、地面的高差等因素，将成为有效的着手途径。如上海浦东世纪大道的城市景观设计以“时间、发展”为主题（见图 4–28），其城市家具设计充分地体现了整体的理念，充满张力和动感，与周围现代化的钢架玻璃高楼相映生辉。当人们漫步于世纪大道时，一幕幕具有强烈视觉冲击力的画面不断呈现在人们眼前。雕塑性景观、花岗岩石块呈散点状镶嵌在梯形斜坡中，为夹道提供轻松的小憩空间。该空间既是“M 空间”也是“S 空间”，花岗石坐具作为这组构成的“点”元素镶嵌其中，显得非常自然。在这里，该坐具已不是单纯的坐具，而成了城市空间中的艺术品。由此可见，城市家具设计已经不单纯地局限于满足功能的要求，而更注重形态的趣味以及与整体环境的结合。又如大道上的电话亭有着优美的舞姿，稍微倾斜的灰色支撑骨架与地面融为一体，电话机与弧形透明挡板结合在一起，仿佛飘浮在空中。售货亭和候车亭的设计也具有这种动态的特征，充满现代感，银白色的外观，轻薄的雨篷且两边稍微上翘，犹如飘动的纸片，与大道两侧的建筑物遥相呼应，而连接广告灯箱两侧的八字形坐具是为人们提供片刻休息的空间。这些轻灵的姿态给人极深的印象，向人们传达着城市的活力。分布在整个大道上的城市家具还有金属座椅、街灯、城市雕塑等，所有这些设施都具有鲜明的个性，同时与场所的气氛融为一体，较好地体现了上海浦东新区作为中国经济代表的形象。

图 4–28　上海世纪大道

二、为特定场所设计城市家具的方法

一方面，形态配合场所城市家具的设计应该对户外场所层次的变化作出相应的调整，设计者绝不能漠视这种变化。设计本身就是很微妙的东西，相同的设计物不能用在不同气氛的场所。如在流动性较强、较开阔的场所一般会设计高大灯柱照明，相对地在比较私密的地方可以采用从墙面挑出的精美灯具。这样更具有内部空间的感受，让人感到更亲切，同样在能够为人们提供休憩的场所当中，也存在许多细微的变化。如繁华流动的步行街与宁静舒适的住宅小区，其休憩方式是有很大区别的，因此户外坐具的设计应对这些变化作出相应的反应。

另一方面，形态塑造场所城市家具单体的实质构成会影响其使用效率，群体组合形成的虚质空间则具有更深层的影响。群体组合可以对空间进行再限定，对场所进行再创造。如在设计休憩或交谈场所时，坐具的组合势态对活动其中的人具有一定的潜在的诱导作用。第一种呈直线形排列，基本上相互独立，人们没有交流的机会；第二种组合使得人们有了交谈的可能；第三种则能促进交谈，很好地为人们创造了进行心灵交流的机会。又如城市公共绿地的入口，利用几个点式的种植容器组合在一起，既可以作为入口的标志，又完成了引导人流的作用。根据空间围合的特点，利用灯柱的排列形态可以起到强化场所氛围，营造丰富的空间和多彩的人文环境的作用。在社区户外空间中可摆放一些石凳、石板，甚至搞点“断壁残垣”让孩子可以在其中尽情玩耍。如日本很多公园或广场常设置一些节水型的喷水小品来满足孩子的嬉水天性。设计师应利用城市家具来塑造，人性的场所，满足人们的使用，为人们提供新的户外生活体验。这样，城市家具就不是被动地配合场所，而是积极地创造场所了。正如前文所述，任何城市家具的形态都可以暗示使用功能并可以作为文化的载体。在欧洲很多保存完好的古代城镇中，使用着具有中世纪风格的城市家具。深红色的电话亭、黑色的铁艺坐具、蓝灰色的垃圾桶等这些跳跃的节点和斑驳的墙体一起构成美丽的城市风景，散发出浓郁的文化气息。另外，主题公园或主题广场的设计更需要对“城市家具”的形态作出整体的考虑，以此来表达场所的文化含义。例如，南京汉中门广场（见图 4–29）以古城城堡为主题，辅之以古井、城墙和遗址片段，采用经过六朝石刻精品抽象而来的石灯笼、石鼓凳、避邪图案等环境艺术小品。当市民漫步广场时，带有历史符号的城市家具不断呈现眼前。广场的历史内涵和地方特色的能量得到充分的释放，使人们感受到超越时空的连续感和浓郁的人文氛围。在当今网络经济时代，各种文化产生激烈的碰撞，设计的语言也空前地多元化，设计的形态更加艺术化、个性化，但是绿色环保和人性回归将是全球的共同语言，可见城市家具的设计一定要经过精心、系统的考虑，为特定的场所创造出最佳的使用状态，在尽量发挥城市家具使用功能的基础上，设计合理的造型和组合，使其与周围环境和谐地融合，才能最大限度地满足人们的需求，创造美好的城市户外生活环境。

图 4-29　南京汉中门广场

（一）交通环境下的城市家具设计

现代城市最大的特征就是复杂的交通体系。当人们随汽车以30～60千米/小时的速度移动时，人们对城市景观的感知完全发生了变化。此时感知运动代替了静止，人的视觉发生了质的变化。

1. 运动下视觉的认知变化

此处所言的“运动”是指城市车行的运动，而非人的步行。视觉是人们获得外部信息的主要途径。对于静止的视觉来说，人们眼睛所看到的就是全部视觉，但当身处运动物体中，人们的视觉认知变化则要复杂得多，其变化主要体现在如下方面。

（1）视力

一般来说，当车速较低时，人们的辨认距离较远，而车速较高，人们的辨认距离将缩短。赵晶夫所著的《城市道路规划与美学》一书认为这一现象是由心理负荷造成的。如对信息指示标志而言，在车速增加后，原以相同距离可识别的标志则需要加大标志尺寸；另外在夜间，人们对物体的辨认能力和亮度有关，因此夜间视力和照度有关。同样有关试验结果表明，认知距离和确认距离大小与光源亮度及对比度有关。一般对比度大时能在确认视标之前较早地认出视标，而当对比度小时，辨别与确认显得较为困难。

（2）视野

视野是指人们注视一个目标时在头部静止不动时所能看到的空间范围。视野范围内的视力称为“周边视力”，它能使人感知周围环境、物体范围以及外界物体运动和速度等。

色视野是指在当视野范围采用色视标来测定的各种不同颜色的视野范围。一般认为色视野以白色为最大，其次为蓝色、黄色，绿色的视野最窄。上述视野与色视野范围都反映了静止的视力状态，而在运动时所测得的视野称为动视野。赵晶夫在《城市道路规划与美学》中谈到运动过程中的视野与行车速度有关，当车速增大，驾驶人员注意力集中点前移，视野范围则逐渐变小。试验表明当车速为 40 千米 / 小时时，注意力集中点在 180 米左右；另外当车速增加时，驾驶员的注意力往往集中于景象中心，此时视野很窄并形成一种“隧道视”的现象，这种隧道视有催眠作用，引起驾驶者出现瞌睡等反应。汽车在道路上行驶时，驾驶者或乘坐汽车的人，当车速为 64 千米 / 小时时，能看清车厢两侧 24 米之外的物体；而当车速为 90 千米 / 小时时，则需要在 33 米以外方能看清，如小于上述距离，肉眼就没法识别了。

综上所述，在运动环境下人的视觉认知在视力和动视野等方面发生了一系列的变化，这些变化将对城市中以车行为主的“城市家具”设计产生一定的影响。

2. 交通环境下城市家具设计的特征与方法

因速度加快而给人的视觉带来一系列感受变化的城市家具设计既要符合城市家具设计的一般要求，又要适应这种变化的要求。通过以上分析，我们认为交通环境下的城市家具设计在形态、色彩等方面的新特征有以下 4 点。

（1）大

大，已经成为这个时代最时髦的用词，到处可见摩天大楼、景观大道、大马路、大卖场，可见，在城市集约化发展的当下，“巨构”空间还是有着它合理的一面。城市家具的尺度如何与“巨构”空间的尺度建立某种联系，使两者能真实地相处在同一城市环境中，“大”对城市家具来说，是一个较为适宜的选择，因为选择“大”，城市家具又符合了交通环境下的视觉变化的要求。无论从视觉特性还是实际需要，首先是“大”的尺度，如在主干道上设置巨大的灯柱（10 米以上）、横跨道路的巨型指示牌等；同样，在设计细节上也要使用“大”，在这里过度的细节设计将是浪费的。“大”是交通环境下使用的城市家具的一个基本特点。

（2）线性

“线性”是交通环境下城市家具的另一个基本特点。在这里，“线性”一方面指城市家具在形态特征上的表现，另一方面也指城市家具在水平或垂直方面具有足够长度，以与“巨构”的城市在尺度上求得一定的呼应。另外，道路最重要的特征就是“线性”，“线性”指引人流的去向。在交通环境下的城市家具设计上，保持或保留这种线性显得十分重要。在具体设计中，这种线性的表现可以是个体的，如候车亭，也可以是群体的，如照明灯具等。当然过度的线性运用会使人们的视觉处于紧张之中，甚至造成疲劳。此时，也可通过城市家具对“线性”做部分的变动，即增加线性的中断，让人们获得视觉上的短暂兴奋以增加区域的识别性。如扎哈·哈迪特（Zaha Hadid）设计的停车场（见图 4–30），又如德国 Behnisch 事务所设计的公共汽车（见图 4–31），都具有线性特征。

图 4–30　Zaha Hadid 作品：hoenheim–nord 总站及停车场

图 4-31 德国 Behnisch 事务所设计的公共汽车站

（3）色彩

道路环境下的城市家具设计其合理的色彩选择方案，将是应对速度提高而带来视觉变化的一个重要措施。从色视野有关资料上可以看到，由于不同的色彩其视野不同，不同色彩交替出现会对眼球产生不同的刺激，从而获得兴奋点。由此可见，城市家具用色在力求城市景观环境整个氛围不相冲突的前提下，应尽量避免使用和背景色差异不大的色彩。另外，尽管许多设计师都喜欢使用红色，但红色视野相对较窄，应和蓝色等视野宽的色彩交替使用。

（4）灯光

灯光是行车者在晚上唯一的引导，也是城市景观环境重要的组成部分。照明设施一般在白天并不发挥功能，但却具备一种类似柱廊一样的引导作用。到了夜晚，灯光发挥作用的时候，照明设施自身却“消失”了。因此调整灯光的视觉效果只能通过改变灯光的形态线性或高低来达到。交通环境下的城市家具设计其主要目的就是通过设计来提高行车者的安全，保证道路的流畅，还包括如何使陌生的游客熟练地使用城市道路系统。

（二）步行环境下的城市家具设计

步行环境是相对交通环境而言的。步行环境主要包括广场、步行街两种城市公共空间。步行街应商业发展需求而产生，功能也以满足购物为中心而展开，结构较单一；而广场的功能趋向多元，结构较为复杂，可以说包含所有步行环境下的行为。调查研究表明，一个成功的步行环境尤其是城市家具应具备高使用频率和效率的特点，而该特点的最终实现应建立在对步行环境中人群特征的分析和把握基础之上。

1. 步行环境中的人群行为特征

步行环境中的人群所具有的最大行为特征是“聚集”和“流动”。“聚集”是城市景观环境所力图营造的公共性与交流性的具体体现。通常，在人群聚集的地方我们才能有安全感并试图和别人交流，同样“聚集”的人越多才能吸引到更多的人。对于步行环境下的城市家具来说，如何形成“聚集”和服务于“聚集”的人群是两个主要任务。第一，要形成“聚集”必须提供相当数量的城市家具（如坐具等），并使提供的城市家具能够在形式和色彩上成为视觉的中心；第二，使人群使用的不同的城市家具的服务半径控制在一定的范围内，否则太远则容易使聚集的人群散去。经过调查研究，可以发现城市家具布置区域的边界越丰富则“聚集”现象越容易出现；“人性化”的城市家具是“聚集”的必要条件；良好的景观和视野是“聚集”的充分条件。人群在聚集的同时，又需要合理地“流动”。如在商业步行街，合理有序的流动会大大增加商业机会和经济效益。又如在城市广场，合理有序的“流动”起到扩展和延伸城市空间的作用。步行环境下的城市家具将起到组织人群“流动”的重要作用。

如在步行街中，线性、连续的导向设施是使人流有序地流动的主要条件。据调查，行人对空间上的阻碍物的强烈变化引起的反应较为敏感，因此可利用如小品墙、种植坛、广告牌或坡道等城市家具来组织“流动”和清晰地划分限定空间。另外在广场上穿梭于灌木丛和树林中的步道亦是组织人流、实现“流动”的有效方法。

2. 步行环境下的城市家具设计的特征与方法

步行环境下人群的主要特征是“聚集”和“流动”，以上人群行为的实现在于城市家具的支撑。因而步行环境下的城市家具的设计与设置布置更多地要考虑到对“聚集”和“流动”行为的支持。对于步行环境下的城市家具来说，对以上行为支持主要体现在如下特征上。

（1）坐

尽管坐是步行环境下的静止状态，但它并不是终止步行的状态，而是步行状态的暂停。“坐”对于步行环境来说十分重要，因此在持续的步行状态下，人的交流行为有限且容易疲劳，只有在坐的状态下，人与人才能顺利地交流，从而步行环境也得以扩大，实现聚集与流动的互动。由此可见，在步行环境中设置可供坐的城市家具显得格外重要。

（2）联系

在这里“联系”具有两个含义，一是指在步行环境中对行为支持的城市家具设计要统筹考虑或同步设置；二是指在步行环境中设置用于通信联系的城市家具具有必要性。虽然现在有移动无线联网，但户外通信设施对外地游客的帮助还是不可忽视的。户外通信设施一般应安置于人流较为密集的区域，具有醒目的色彩，并要求在形式上具有继承性，以免使用者不知所措。

（3）导向

尽管处在步行环境中的人不一定具有很强的目的性，但是合理的人流组织或“聚集”或“流动”是必要的。这时合理的导向设施就显出其重要性。在步行环境中除空间序列的组织能起到导向作用外，地面的铺装以及作为城市家具的信息指示设施将起到十分重要的作用。

第五章 城市环境艺术设计可持续发展的方法与意义

在城市环境艺术的设计中，我们怎么才能做到可持续发展呢？本章将从坚持人才培养、坚持吸收与转化的设计理念、坚持以人为本的设计理念以及可持续发展可以促进城市环境设计走向国际化这四个方面来进行详细的阐述。

第一节　坚持人才培养

一、对环境艺术设计专业社会需求的再认识

一门学科的发展前景很大程度上受当时社会需求的影响。城市环境艺术设计在我国是一门新兴学科，但这一专业具有的就业前景以，及发展潜力使得它越来越成为人们关注和向往的学科之一。

我国近几十年来以经济建设为中心的高速发展，为城市环境艺术学科建设的大发展创造了前所未有的良好社会环境。人们的需求随着社会的发展和科学的进步不断提高，开始关注居住环境质量的改善，追求更有意义的人文环境，对周围的生活空间有了更加广泛而清晰的艺术文化需求。打造高品质的生活环境，成为社会关注的热门话题。城市环境艺术设计是在城市经济和文化升级过程中，体现新时代人们的生活态度、生活理念以及审美观念的重要指标。目前，环境艺术设计所（室）已在全国范围内广泛设立。上海、深圳等发达城市建立了环境艺术设计研究院，同时在全国各地各种规模类型的环境艺术设计公司相继成立。中华人民共和国住房和城乡建设部也陆续出台了一系列的法律法规，用于规范环境艺术设计和工程市场。

在我国，城市环境艺术设计正处在由美化环境向生态和谐转化的阶段。工程建设中环境艺术项目数量和规模逐渐变得越来越大。室内外环境装饰工程在各地都是极具开发价值的巨大市场，对专业人才的需求越来越大。

据调查研究，当前我国从事城市环境艺术设计的人员主要包括三类。第一类是从建筑学专业转型的从业人员；第二是由美术专业转行的从业人员；第三类是环境艺术设计专业毕业的从业人员，但这部分人仅占整体从业人员数量的 20% 左右。由此可以看出，掌握环境设计专业基础的专业性人才数量远远无法满足当前市场的发展需求。此外，由于国内环境艺术设计院校对新生的录取数量远小于报考人数，因此也造成人才的准入门槛比较高，人才难得。

二、在动态发展中完善专业教学体系

我国开设城市环境艺术设计专业的时间相对较短，如何在更多院校建立、完善环境艺术专业更是相对比较缺少现成的可借鉴经验。我们只有坚持不懈地探索、研究和不断总结反思，才能在实践中摸索出一条相对完善、科学的环境艺术设计教学体系之路。城市环境艺术设计涉及美术和建筑等专业，是一个新型的边缘型学科，在教学体系中如何把握好美术与建筑、艺术与技术、科技与人文等内容在教学上的比重，是建设、完善城市环境艺术设计专业的关键所在。在环境艺术设计学科中，美术与建筑学科并不是简单地相加，而是要挖掘两者间的结合点和平衡点，以保证教学体系能够最大程度地满足人才培养的需要。

现阶段来看，在部分院校中，环境艺术设计的教研人员主要来自建筑学和美术专业，室内外环境艺术设计要求两个专业的教师增进沟通，相得益彰，发挥专业优势，促进专业融合，共同制定教学大纲。专业知识结构的更新、各环节的衔接以及教学内容的结合等都是进一步完善和调整该专业教学体系的焦点问题。在学科建设的探索中，明确了城市环境艺术设计既需要包含形象思维，又需要包含逻辑思维，并兼具艺术性和技术性。

在我国的城市环境艺术设计发展过程中，高校需要构建与经济发展情况相符合的专业领域研究范式，搭建面向未来、面向社会的教育体系架构及环境艺术培养平台。立足专业、根植中国、放眼世界，明确社会的基本需求，了解学科的专业定位，把握教学规律，完善对实践创新与教育研究的交叉体系，确保我国艺术教育与艺术实践的协同发展。

三、课程设置是专业建设的重要环节

进入 21 世纪，经济全球化不断深入，对城市环境艺术设计来说，这既是机遇，又存在挑战。社会发展需要更多的创新型人才，国际化进程让当今的设计企业面临着来自全球的竞争和挑战，在这一趋势下，需要更加深刻地审视当前的人才培养观念，跟紧社会发展步伐，及时调整更新理念。除此之外，在教育教学体系中要重点聚焦知识的深度和广度，建立理实结合系统综合、多元创新的人才培养思路。

在搭建专业课程体系过程中，不能只单纯考虑“城市环境”或“艺术设计”进行课程大纲制定，要综合城市规划、景观设计、环境艺术、生态美学等理论对学生进行培养，借助学科群资源做好城市环境艺术设计的专业建设。面对初步接触本专业的新生，可以选择部分建筑学专业的基础理论课程，同时加入美术专业的基础学习课程，让学生具备一定的基础素养。在学科的专业教学阶段，让学生有机会充分接触更多的学科理论，拓宽学生的视野，提高实践创新能力。在学科的教学实践阶段，要有计划、有目的地组织学生开展社会活动，借助模拟提案、竞赛教学、实习实践等形式，让学生广泛参与实践、接触实践、接触社会，在提升实践技能的同时，增强学生的组织能力、协作能力、沟通能力、语言表达能力等职业素质。通过教学和实践相结合，使学生能够充分认识到培养创造力才是艺术设计教育的根本实质，并将这一指导思想深入贯彻到课程教学的方方面面。

设计的灵魂是“创造”。城市环境艺术设计就是要对城市的生活环境提出创造性的规划及设计方案。当前，艺术设计的本科教育通常以一种静态的方式来进行，这种教育模式往往会在一定程度上忽视对学生的创造性思维能力的培养。创造性思维能力应当成为设计教育培养的主线，实现对学生理性思维和感性思维的协调培养，提高学生构思、完善、表现、分析能力等综合素质，使教育教学合乎人才培养规律和经济社会发展规律。面向实践，树立正确的教育目标，合理的课程体系，同时配置优良的教学内容，才能确保城市环境艺术设计专业的持续健康发展。

课程是学科教学的重要载体，在课程内容设置方面，需要着重加强有关地域特点的专业设置以及有关人文知识的课程设置。各地区在发展建设城市环境艺术专业时要努力增强自身的学科竞争力，建立具有地方特色的设计教育理念和符合时代潮流的教育模式。目前，教育模式日益呈现出人才性培养、多样化教学的特点，我国对不同地区院校也开始实行不同的学科评价标准。不同地区院校要依据本土文化特色进行专业课程的调整安排，并对城市环境艺术设计、专业教学大纲进行修订，使专业理论及课程框架符合地区教学需求。同时，要充分利用学校交叉学科的资源优势，实现学科间的资源互补和共享，使之在获得学科群的资源合力的基础上，形成本地区本院校的学科结构特点。各院校还应根据时代发展和自身优势特点及时调整教学方案，以适应不断变化的市场需求。同时，要引导学生努力拓展知识面，加强学习交流创新，扎实学科理论，积极参加学科竞赛和社会实践，为未来的职业发展奠定坚实的基础。

城市环境艺术设计的教学工作要具备市场意识，遵循客观发展规律，从经济、市场以及本土文化等方面进行研究，符合多元化经济时代的发展目标。不同地区的院校要结合区域文化特色，开发具有地域特色的设计教育课程。例如，有的城市具有悠久的历史底蕴和文化积淀，甚至拥有珍贵的建筑遗迹，可充分利用古代建筑群落资源，开设古代建筑装饰课程，学生可以通过实习训练及实地写生，了解古建筑的艺术、思想、造型、人文情怀和审美情趣。通过实践教学，提升学生的城市归属感和文化自信，增强学生们的审美意识和造型能力，全面提高教学质量和学习效果。

新时代的城市环境艺术设计绝不能丢掉对传统人文素质的教育。当前的艺术设计教学，正在从重视硬件到重视软件转变，从强调要素学习到强调系统学习转变。城市环境艺术设计是科学教育与人文教育的有机整合，既强调高超的技术素养，更强调深厚的人文底蕴。广义的“人文精神”也称“人道主义”“人本主义”“人文主义”，狭义的“人文精神”是指文艺复兴时期的思想，核心理念是以人为本，重视人的价值，对抗神学对人性的压制和对理性的贬低，张扬人类的理性。主张立足于尘世生活的精神追求，实现灵魂和肉体的和谐统一，反对神学的灵肉对立。今天“人文精神”的实质是重新发现人、发展人，关注人们有关价值、文化、观念、精神等方面的问题，注重人的观念领域和精神世界，是人们对尊严和幸福的追求，对生活意义的追求。

新时代的城市环境艺术，注重设计产品的人格化，重视设计的基本伦理，希望创造并引导新的生活理念和生活方式。无论是国内还是国外，各大高校都在强调人文学科的作用，例如，英国欧斯特大学艺术设计学院和中国清华大学美术学院，在学科教育和科研项目中都特别重视人文、艺术、科技因素的整合，强调设计与多学科理论的交叉，注重工程和艺术的结合，强调设计对当地人文环境的关怀。

第二节　坚持吸收与转化的设计理念

一、正确吸收外来城市环境艺术设计精华

我国近年来的发展成就，正在引起全世界的关注。巨大的市场空间吸引了越来越多的外资设计企业投入中国市场。在全球化经济的推动下，我国城市环境艺术设计仍然存在盲从的现象，一些项目盲目跟风、本土设计元素在

一定程度上被异化。面对外来文化及国际化风格的冲击，弘扬本民族的优秀传统文化至关重要，能够有效避免本土文化和生态环境设计的遗失。我国的城市环境艺术设计需要在多元化文化的世界里，保持本土设计文化的自觉性和独创性。用正确的方式吸取外来生态环境艺术的设计精髓，并不是简单的拿来主义，取长补短、去粗取精、去伪存真在这里同样适用。面对现代化发展给本土设计元素带来的挑战，我们需要理性分析发生的问题，用正确的方式对待外来文化，让外来嫁接的东西“入乡随俗”，在我们国家的土壤下产生正方向作用。外来的不一定意味着先进，我们要用批判的眼光进行甄别。对于一些精华的东西可以借鉴，一方面积极向国外优秀设计案例进行学习，充分利用当今社会前沿的科学技术方法，另一方面发挥自己的设计创造能力，让我国特色的历史文化焕发新的生机，创造出富有中国特色的城市环境艺术设计作品。同时，要注意思考如何自主培养优秀的城市环境艺术设计师，给予他们更多实践展示的机会，才能实现这门学科在我国的可持续发展。

二、增强城市环境艺术设计中的文化自信

生态既包括自然生态，又包括历史和人文生态。城市环境艺术设计不能忽视对生态的依存，设计本身就是生态的一部分。

不同民族地区的历史和人文生态不同，将本土特色元素融入现代城市环境艺术设计是十分必要的。基于一个生态环境建设起来的城市环境艺术设计，如果丢失了本土生态文化特点，那么这个作品就是“不生态”的，起码是缺少“灵魂”的。如果城市环境艺术设计没有深入研究并吸收本土文化的营养，那么这个作品也不能称作是一个成功的作品。横向来看，城市环境艺术设计的生态美强调设计要融入周围的环境，包括造型与技术的和谐美以及与周围环境的和谐美；纵向来看，历史环境作为生态环境的一个组成部分，决定了对其可以从生态学角度进行分析和研究。城市环境艺术设计要符合历史环境，体现“历史定位感”，成为记载传承历史信息的载体，这在工业建筑设计改造中尤为重要。环境美学的相关学者在其研究中指出：“不应当把建筑理解为像雕塑那样的孤立存在的单个对象，而应当将建筑放在与其他建筑物、其所存在的整体环境，以及使用这些建筑的人的文化与生活价值相互关联的‘网络’中欣赏建筑。建筑作品并非一种艺术品的类似物，而是人类生态系统的有机部分，就像组成自然环境生态系统的那些要素一样。”

我国古典美学源远流长且内容丰富，是我国乃至世界文明的瑰宝。在艺术作品的生态美方面，中国自古就有“天人合一”“师法自然”“和谐共生”的审美情趣和思想精髓，中国的设计理念有着先天的发展优势。我国设计师在借鉴、吸收国外优秀设计经验的同时，要充分挖掘并融合本民族深厚的古典美学和文化遗产，增强文化自信。我国古典美学对我国城市环境艺术设计有着很强大的影响力。例如，我国古代的城市布局和具有创造性的艺术场景设计，这些古人的设计创作精华非常有益于启发和促进我国当代城市环境艺术设计的发展。在实践中，正确对待本土与外来两种城市环境艺术设计元素，需要将吸收外来设计文化与深入挖掘本土历史文化内涵结合起来，实现民族特色和时代化、国际化融合共进、协同发展。

我国幅员辽阔，在不同的地区和城市，其历史和人文生态也不尽相同，在设计中要充分考虑和把握地域的历史和文化特点。例如，北方人性格豪爽，气势宏大，我们可以将这种艺术情绪贯穿于北方的城市环境艺术设计中；南方人清新婉约，更偏好小桥流水人家式的设计，在进行设计时，要结合当地的风土人情。我们在进行城市环境艺术设计的过程中，要充分了解每个地区的历史和人文生态，在增强整个民族文化自信的同时，也为人文生态的延续和传扬作出一定的贡献。

三、对传统建筑采取改造及再建造的态度

传统建筑是时代文明的结晶，更是地区文化精髓的象征。我们对历史遗留的建筑物应该具有保护意识，不能一味地舍弃，应该秉持改造和再建造的理念，竭尽全力去传承、恢复和再造这些优秀历史文化的产物，继承和发扬传统历史建筑的精华，努力将其与现代化城市建设融合在一起。北京城内留存的历史建筑，让世界人民欣赏和感受到了中国传统建筑形式的魅力以及建造工艺的精湛。

传统文化对如今的城市环境艺术设计有着深刻的影响，对于传统文化中的精华部分我们要传承并加以转化，融入时代元素，在实践过程中将传统文化元素灵活运用，发扬光大。这种创新的实际例子很多，如北京菊儿胡同（见图 5–1）旧区改造工程中，我国著名设计师吴良镛教授在方案设计过程中，既继承了民族传统建筑艺术的精华和城市空间艺术，又创造了一种崭新的建筑理念和城市空间艺术，就是著名的现代新四合院。吴老的设计改造方案既

保留了北京独有的传统院落建筑风格，同时又对邻里关系及居住方面进行独具匠心的处理。这种巧妙的设计完美地继承了传统的城市环境艺术设计理念，为旧城改造工程做了良好典范。此外还有，在苏州博物馆新馆的设计过程中，贝聿铭先生在进行苏州博物馆设计时，从苏州传统的坡顶飞檐以及制作精细的传统建筑元素中获得灵感，在设计时屋顶结合当代先进科学技术，塑造出生动的几何效果景观。石质屋顶与玻璃屋顶交相呼应，在博物馆展区及活动区域里引入自然光的射入，作为参观者的导向。在玻璃屋顶之下广泛使用怀旧的木作构架和金属遮阳片，用来过滤和控制进入展区的光线强度。设计方案一方面保持了自身的独立性，同时由于拙政园周边的建筑相互应景、浑然天成；另一方面，利用布置园林、庭园、中轴线手法将复杂的设计元素相结合，把城市肌理和空间布局把控得非常到位。贝聿铭先生将中国传统建筑设计的美学元素提炼出来，巧妙地与现代技术材料和设计理念融合，徽派建筑的色调、园景布局、梁枋彩绘与现代化的几何构造、玻璃屋顶、开放式钢结构恰到好处地结合在一起，“以壁为纸，以石为绘”的片石假山将中国水墨的气韵带入其中，在建筑的色调与局部构造上也与苏州中心城区的城市肌理呼应。罗哲文先生赞誉道，贝聿铭设计与周边环境以及苏州地区历史文化完美结合，设计思路十分严谨，细节把控到位，成为传统城市环境设计艺术与现代设计元素完美结合的典范，就是苏州博物馆新馆（见图 5-2）。

图 5-1　北京“菊儿”胡同改造后

图 5-2　苏州博物馆新馆

第三节　坚持以人为本的设计理念

一个不容忽视的事实是，全球化在一定程度上打通了各国间经济与文化的壁垒，互联网进一步加速了文化的流动、传播及碰撞，很多以前我们难以接触、无法理解的概念正逐渐变为现实，融入我们的生活。经济的流动在加快，文化的传播节奏也在加快，科技的发展为人们释放出更多的闲暇时间，人们获取信息和知识的渠道变得前所未有的丰富和便捷，人们受教育水平的提高带来审美意识的觉醒，这些都使当代人的审美经验和需求变得更加复杂和多元。城市、社区、公园、公寓可以像商品一样摆在人们的面前供其自由选择，城市环境艺术设计被人们更加广泛而深入地关注，成为人们选择理想生活的必要条件。研究受众、了解受众、满足受众，是当代城市环境艺术设计实践的基本前提。

以人为本，从设计实践的角度看，就是指城市环境艺术设计要来自人、尊重人、服务人、需要人。当前，人们对城市环境艺术设计的关注与日俱增，作为一个城市软实力的体现，以人为本的城市环境艺术设计能够丰富城市的空间环境，满足日常人们生活娱乐所需的各种条件，同时，优秀的城市环境设计能够吸引人们的广泛参与，促进社会和谐，提高生态文明，推动环境的可持续发展。

一、城市环境艺术设计中仍需增加群众参与度

在城市中，人是城市建设和环境艺术设计的感受者、支持者、评价者。人们对城市环境艺术设计和城市建设的参与力度不够容易造成公众认同感的缺乏，因此需要在设计过程中提倡以人为本的设计思想。城市中的任何建设都应当服务于人，在城市规划、环境艺术设计、市政基础设施建设或旧城改造等项目中，应当注意将人文、自然、艺术有机融合，设计方案符合多数人的审美感受，注意空间的立体及层次组合。

后现代主义语境下的深层关系建构呈现非线性与多元的特点，那么是否还有整体性的、规律性的走向和脉络可循？虽然后现代主义的一个基本理念是去整体性，其实践也呈现出纷繁复杂的局面，但社会的发展总会呈现出一定的规律性，并可以在更深的层面观察到发展的整体趋势。城市的价值表现为对人的价值，人是城市发展的永恒脉络，无论是现代主义还是后现代主义，其发展都要沿着人类不断追求自我价值实现的轨迹。当前在城市环境艺术设计领域，更多设计师注重设计个性化与建筑形态的特异性，突破视觉传统的建筑鳞次栉比，这些建筑物往往也是一个城市或地区的地标，但如果过度追求建筑形态的标新立异，建筑的审美价值就会削弱，一个城市也会变得凌乱不堪。后现代主义理念指导下的设计实践更多地表现为对固有设计理念的突破和对新材料的运用，仍旧是设计师主导的实践，是单向度的设计实践，向上游看，缺少城市或地区的整体规划，向下游看，也没有打通最后的环节，即与建筑受众需求的直接对接。基于人对自身审美需求的自我解放和大数据时代的物质基础，可以预见，未来的建筑设计需要更加注重设计的整体规划、受众参与和信息的即时交换。

在设计时应当贯彻“以人为本”的理念，关注人的物质、精神、心理的需求，充分尊重市民的需求及建议，广泛听取意见。城市和环境艺术设计只有取得了民众的认同感，才能得到群众的支持，才能够让城市特色“接地气”，富有文化活力和凝聚力，从而增强城市的文化软实力，提升城市的核心竞争力，塑造富强、民主、文明、和谐的城市家园。例如，西安在对古城的环境艺术设计过程中，充分调研和了解民意，把设计重点放在古城历史的人文环境上来，充分考量当地历史民俗以及地域性文化特点，使得古城在充分保留历史风貌的基础上，每个角落都受到艺术的浸染，塑造西安古城深层次的精神文化内涵。

二、城市环境艺术设计中仍需增强地区特色

在城市环境艺术设计中融入地区特色和文化内涵，能够增强城市的人文力量，对城市文化产业的蓬勃发展具有推进作用，通过欣赏城市环境中的美好艺术，居民能够获得归属感，增强审美情趣，提升对生态环境的保护意识。当前，城市环境艺术设计和城市建设已经不是简单的构图设计和城市规划，而是要在尊重地区特色的基础上，将城市文明需求和功能需求整合成有机整体，塑造多样性的空间，贯穿人文主义精神。新时代的城市环境艺术设计是一种发展的、生态的、和谐的城市化进程，它要使每一个城市居民的生活质量及人文精神都能获得全面提升。

当前我国在城市环境艺术建设中存在的主要问题是城市建设与景观设计相对比较缺乏地域性特色，有的城市建筑盲目追求或模仿所谓的现代化装饰、国际化元素，甚至连名字都要使用外文的。一些城市本来具有深厚的历史文化底蕴，然而在城市环境艺术设计上却被忽视了，这在一定程度上是一种文化的失忆与浪费。

回顾我国城市环境艺术设计的发展，可以说，自现代建筑设计风潮之后，中国传统文化元素的贡献程度偏低，在相当长的历史时期内，传统文化元素没有被很好地保留和继承。中国传统文化强调“笔墨当随时代”“文以载道”，在当前的建筑设计发展阶段，我们应深入研究我国深厚的古典美学理念及元素，寻找民族性的文脉和表达方式，逐步厘清自身的文化模式和美学形态。唯有这样，才能帮助中国的城市环境艺术设计在世界与历史坐标中重新定位，为持续发展奠基。

三、避免在城市环境艺术设计中拥有过度的消费主义

经过 20 世纪中期战争的阵痛，世界经济复苏并逐渐走向繁盛，日常物品的生产和消费需求的增加创造出一个崭新的经济格局——供大于求。一个以消费为导向的消费型市场逐步形成。消费社会的到来与大众文化的兴起，在一定程度上引发了人们价值观和消费观的改变。富足的物质条件和相对宽松的世界政治环境氤氲出的社会形态与消费习惯成为后现代主义滋长的沃土，加之传媒产业、印刷技术和数字信息化的推波助澜，主流信息的传递模式和人们的阅读方式从文本转向图像，感性的、快乐主义的生活方式受到推崇，不断壮大的中产阶级创造了艺术消费领域的广阔市场，艺术与世俗、高雅与

流行得以前所未有地联袂起来，后现代主义艺术在世俗领域获得了一定的生存空间。而后现代艺术在这个以消费社会为主要特征的生存空间里的主要生存形态，即以大众艺术形式呈现的流行文化，以及伴生的高度追求艺术表现与满足消费需求两个层面的商业价值。消费主义因此成为西方发达国家流行的生活理念和生活方式。我们必须清醒地看到，消费主义的生活理念在一定程度上和设计理念偏离实际的需求，这种非理性的过度消费对当今的环境造成较大的压力，对人与自然的平衡造成威胁，也与可持续发展理念相背离。

新时代的城市环境艺术设计讲求在将给自然环境造成的压力降到最小的同时，满足人们正常的消费需求。只为了满足人们欲望的消费行为是不合理的，也是毫无生态性可言的。在进行生态性环境艺术设计过程中，我们要远离纯粹消费主义的设计形式，确保设计作品尽可能具有实用性及生态性，进行绿色、和谐、可持续性的生态性环境艺术创作。引导人们在生活中合理消费，保持适度的理解，减少对自然的索取。

对中国这个蓬勃发展的发展中国家来说，城市环境艺术设计的第一原则还是环保性及经济性，在城市化进程中抓好生态化培育，在设计上始终追求“虽由人作，宛若天成”的艺术标准。同时，要以西方城市发展过程中的经验和教训为前车之鉴，不能为了暂时的商业利益而牺牲生态利益。在城市环境艺术设计过程中，要尽最大可能坚持可持续发展，尊重自然，尽可能地保留原生态的公园、森林、农田、湿地，尽量避免对生态环境的破坏。

第四节　可持续发展可以促进城市环境艺术设计走向国际化

在持续发展当中最主要的方式就是进行城市环境艺术设计人才培养，当前我们对城市环境艺术设计教育的国际化研究，是符合环境艺术教育国际化发展趋势要求的。那么什么是高等教育国际化呢？普遍的观点是，高等教育国际化就是加强国际高等教育的交流合作，向各国积极开放国内的教育市场，以及充分地利用国际教育市场，在教育内容上安排和教育技巧的实施方面要吸取国际上交流的经验。它是随着世界经济一体化的发展而产生的观念，在这种观念下，它注重培养学生适应社会国际化的能力，同时增强学生的国际意识，和促进学生对国际文化的理解与学习。

一、环境艺术设计教育的国际化发展适应全球化发展趋势

（一）全球化的发展趋势

在20世纪，随着政治、经济、高新技术等的发展，我们迎来了全球化的发展趋势。在这种趋势下，我们所面对的市场变成了整个世界，我们所面对的竞争对手也变得更强大。一切资源在全球化的驱使下，得到了更好的配置，使得世界各国在多方面形成相互依存的关系。

同样，全球化也推动了环境艺术设计高等教育的国际化进程，促进了国与国之间教育资源的合作与交流，使得各国的教育市场全面打开，各国共享教育资源。这同时对我们的教育提出了新的要求，适应国际化要求的人才的培养，成为教育国际化研究的重点，也是各国都在考虑的问题。

（二）环境艺术设计教育国际化的趋势

首先，可以向其他国家借鉴优秀经验。不少国家都从本国的实际出发，制定了设计教育国际化的培养目标。20世纪，日本政府就开始积极关注日本设计，成立专管部门、颁布设计标准法规、组织设计交流、政府安排设计战略，日本的现代设计提供了日本人民的现代生活方式，同时也促进了日本的国际出口贸易。在芬兰，政府介入制定具体的设计政策，把设计看作是国家创新体系的一部分，以通过开发设计教育和研究，来提升国民生活质量，提高国家的国际竞争力和改善国民居住环境。

其次，我国环境艺术设计教育国际化的目标。随着改革开放的不断深入，我们在环境艺术设计教育国际化的进程中也作出了一些贡献。中央美术学院与澳大利亚格里菲斯大学昆士兰艺术学院开创了在中国艺术院校首次中外合作办学的先例。借鉴国内外的经验，我国各级各类学校环境艺术设计专业也应制定在教育国际化方面的培养目标。它应包括培养学生的国际设计观念及国际设计意识，加强国际艺术设计理念的培养；培养学生的国际交往能力，注重在艺术设计中尊重各国环境的特定要求；培养学生的语言沟通能力，加强艺术设计专业英语能力的学习。

二、城市环境设计教育的“开放型”办学之路

“开放型”就是将学校的教学、科研、设计活动与社会、市场和生产紧

密联系在一起，使教育和社会实践及时能动地交流，促进学校的教学活动社会化、科研设计市场化、学校交流国际化，形成学校设计教育与社会和经济更加紧密的依赖和促进关系。“开放型”环境设计教育模式具体的做法不是单一的，而应视本区域、本院校、本专业的具体情况和需要进行各种选择和实验，因地制宜，不拘一格，形成各自的特色。“开放型”不能理解为只是一种形式或方法，而是一种观念和能力，是一种开放的观念和开放的活动能力。无论是环境艺术设计教育，还是学生、教师，都应具备这种观念和能力。只有这样才能利用各种形式和方法，融汇发展本领域中人类智慧的最新成果，才能处于社会潮流的前列，成为推动社会前进的重要推动力。

（一）开放型环境艺术设计教育的特点

开放型环境艺术设计教育能及时接收社会信息，并迅速直接地掌握社会、生产和科学技术发展的脉搏。开放型环境设计教育不但有利于学生扩大知识面，而且有利于学生发挥自主性，有选择地、能动地吸收知识，强化自学能力。有利于增强学生的适应能力、应变能力和动手能力，特别是在实践工作中解决实际问题的能力，而且能在社会实践中检验课堂学习效果，使课堂知识与来自社会、生产和市场知识相结合，使学生提前与社会接轨。有利于教师吸收、融会、发展世界上环境设计领域与相关领域中的最新知识和成果，不断丰富、充实、更新环境设计教学内容，有利于发现新课题、研究新领域、开设新课程。能够使教育与社会之间形成相互交流、补充、协调和促进的关系，增强环境设计教育适应社会和经济发展的能力，符合教育向社会化发展的方向。有利于教学成果、科研成果和设计成果直接商品化，及时转变为生产力，进而产生社会和经济效益。

（二）解决好开放型与传统设计教育的关系

与此同时，传统封闭型的设计教育观念与市场消极因素的影响同时并存在市场经济条件下，环境设计教育要向开放型转变，不可避免地要介入市场，必然要考虑经济利益的目标。要在实践中不断认识教育规律与市场规律的关系，处理好市场的短期效益和教育长期目标之间的矛盾，化市场消极因素为积极因素，探索设计教育在市场经济条件下开放型的办学规律，这也是我国教育需要解决的问题。

（三）着眼于世界的开放型办学之路

现代社会，科学技术和文化艺术是没有国界的，特别是处于现代信息社会中，世界各国及时迅捷地交流，使各个领域发生着日新月异的变化，世界设计教育也在这个大交流中得到了空前的进步和发展。我国的环境设计教育必须面向世界，进一步强化开放的意识，提高开放的活动能力，迎接新技术革命的挑战，不断研究掌握新的交流方法，形成着眼于世界的开放型大交流的办学环境，使我国的环境艺术设计教育全面加入世界性的大交流中去，以逐步缩小差距，尽快赶上并超过世界先进的环境艺术设计教育发展水平。

三、城市环境艺术设计教育国际化呼唤艺术与科学的统一

（一）教育内容实现科学与艺术的统一的原因

一方面，艺术与设计事业的发展需要科学技术的推动。纵观 20 世纪，国际艺术思潮或艺术主义几乎没有不受惠于科学技术和工业生产的，有的利用材料，有的利用方法和技巧，有的利用新观念或新视野，有的利用新的动向趋势或整个生存环境。印象派的辉煌正是因为发现了色彩中的科学性；而高科技派建筑与智能空间更是以巧妙、合理运用最新的科学技术而得名的。如法国的蓬皮杜文化艺术中心、日本的大阪关西国际机场、美国的丹佛机场等，都是艺术与科技结合的经典建筑。许多环境艺术设计课程的开设是在科学的基础上开设的。如透视学、光学、建筑学、色彩学、电脑论、建筑力学、生态学、结构工学、材料学等。

另一方面，学校教育内容应有助于不同民族、不同国家成员相互理解。学校教育的重要使命在于使受教育者认识到自己民族文化的精髓，同时也要承认其他民族文化的价值，只有这样才会有利于人民的相互理解与同情，从而促进学生国际主义义务感的发展，也只有这样，他们才会承担国际义务。从事环境设计的教师和学生更要适应国际经济和文化发展需要，要突破观念和文化差异的障碍，为推动经济全球化发挥重要作用，促进国际的交流。

（二）处理好教育国际化与教育多元化的关系

首先，多元化意味着我们可以学习别人的观点，国际主义意味着我们的

共同点和我们的差异可以对我们的基本思维方式和我们的基本创造性产生一定影响。分享我们的创造性在一定程度上使我们每个人受益。其次，国际化不能变成“美国化”，否则，中国高等环境设计教育就可能丧失民族性。最后，本土化、多元化不能代替国际化，不能成为落后体制、拒绝先进文化的理由；国际化也不能取消本土化，排除多元化，两者应该是相辅相成、对立统一的，为我国环境艺术设计事业作贡献。

参考文献

[1] 周海彬:《城市建设中的环境艺术设计》，电子科学技术大学出版社 2019 年版。

[2] 李楠主编:《公共空间设计》，江苏大学出版社 2019 年版。

[3] 金松:《环境艺术与城市景观园林的创新研究》，吉林美术出版社 2017 年版。

[4] 陈宇主编:《环境小品设计》，重庆大学出版社 2016 年版。

[5] 赵思毅:《艺术·城市·公共空间》，东南大学出版社 2012 年版。

[6] 周小兵编:《城市美学漫谈》，天津大学出版社 2012 年版。

[7] 刘向华编著:《城市山林：城市环境艺术民族潜意识图说》，中国建筑工业出版社 2011 年版。

[8] 辛艺峰编著:《城市环境艺术设计快速效果表现》，机械工业出版社 2008 年版。

[9] 于晓亮，吴晓淇编著:《公共环境艺术设计》，中国美术学院出版社 2006 年版。

[10] 于正伦:《城市环境艺术：景观与设施》，天津科学技术出版社 1990 年版。

[11] 唐勇:《智能城市建设下现代城市环境艺术设计新思考》,《美与时代（城市版）》2022 年第 12 期。

[12] 王翔灏:《公共艺术设计在城市景观环境营造中的应用：评 < 城市景观中的公共艺术设计研究 >》,《世界林业研究》2022 年第 6 期。

[13] 任宇:《生态城市规划中环境艺术设计研究》,《鞋类工艺与设计》2022 年第 22 期。

[14] 顾正云:《城市环境艺术设计与环境保护的关系研究》,《环境工程》2022 年第 7 期。

[15] 刘爽:《智能城市建设下现代城市环境艺术设计探析》,《美与时代(城市版)》2022 年第 3 期。
[16] 陈卓:《基于生态理念的城市环境艺术设计研究》,《工业设计》2021 年第 11 期。
[17] 李思凯:《基于生态设计理念的城市环境艺术设计研究》,《美与时代(城市版)》2021 年第 8 期。
[18] 杜宇峰:《现代城市环境艺术设计的艺术追求》,《美与时代(城市版)》2021 年第 8 期。
[19] 李奇儒:《城市环境艺术设计手法探析》,《美与时代(城市版)》2020 年第 11 期。
[20] 熊勇超:《"生态设计"与城市环境艺术设计研究》,《中国民族博览》2020 年第 16 期。
[21] 肖攀峰:《"生态设计"与城市环境艺术设计的融合思路探索》,《科技创新导报》2020 年第 3 期。
[22] 刘曼丽:《基于地域文化的城市环境艺术设计研究》,《齐齐哈尔大学学报(哲学社会科学版)》2019 年第 5 期。
[23] 赵颖:《生态化环境艺术设计分析:城市环境设计为例》,《建材与装饰》2019 年第 1 期。
[24] 赵颖:《试论现代城市环境艺术设计的美学追求》,《创新创业理论研究与实践》2018 年第 24 期。
[25] 宋燕:《当代城市环境艺术设计的美学审思》,《现代园艺》2018 年第 20 期。
[26] 郭晨:《基于城市环境的公共艺术设计》,《现代园艺》2018 年第 6 期。
[27] 罗瑞娟:《从美学角度反思城市环境艺术设计》,《美术教育研究》2017 年第 21 期。
[28] 王荣华:《壁画艺术在城市环境艺术设计中的应用》,《四川戏剧》2017 年第 10 期。
[29] 董峻岩,李克超,邢越男等:《浅谈城市环境艺术设计与城市环境关系》,《智能城市》2016 年第 9 期。

[30] 陈国雄:《当代城市环境艺术设计的美学审思》,《社会科学家》2016 年第 7 期。
[31] 纪伟，邓扬阳:《人工环境中的生态营造：美国城市环境艺术设计考察与思考》,《天津美术学院学报》2016 年第 4 期。
[32] 魏丽:《浅谈生态设计在城市环境艺术设计中的趋势和前景》,《美与时代（城市版）》2015 年第 9 期。
[33] 杨岚:《城市环境艺术设计与环境保护关系的研究》,《环境科学与管理》2015 年第 9 期。
[34] 苏洁:《论我国城市环境艺术设计的美学》,《才智》2015 年第 14 期。
[35] 胡晓琛:《智慧城市环境下的艺术设计人才的互动教育模式》,《中国陶瓷工业》2014 年第 5 期。
[36] 王莹莹:《我国城市环境艺术设计的美学分析与反思》,《中国包装》2013 年第 9 期。
[37] 王伟光:《文脉对城市环境艺术设计渗透作用的研究》,《中国轻工教育》2008 年第 2 期。
[38] 焦煜博:《环境问题和城市环境艺术设计》,《消费导刊》2008 年第 4 期。
[39] 吴祥忠:《城市环境艺术设计创新的探索》,《南京工程学院学报（社会科学版）》2004 年第 4 期。
[40] 陈碧君:《城市环境艺术设计及其改造中的问题》,《装饰》2004 年第 7 期。
[41] 刘晓雯:《关于城市环境艺术设计的思考》,《当代建设》2003 年第 1 期。
[42] 孙皓，吴向阳:《基于地域性因素的城市公共环境色彩的构建》,《艺术与设计（理论）》2010 年第 5 期。
[43] 蔡伟，张剑丰:《城市公共环境设计中的文化追求与表现》,《襄樊学院学报》2010 年版第 4 期。
[44] 徐晋:《用艺术打造城市名片》,《中国文化报》2001 年 5 月 28 日第 2 版。
[45] 柏桦:《用艺术滋养城市用文化丰盈生活》,《陕西日报》2022 年 12 月 16 日第 8 版。
[46] 韦莎妮娜:《世界级旅游城市世界级艺术实践》,《桂林日报》2022 年 12 月 11 日第 15 版。

[47] 龚洁芸:《倾听人与城市共生共荣共长》,《解放日报》2022 年 11 月 27 日第 2 版。

[48] 马晓婷:《艺术在身边不断播撒城市文化新种子》,《青岛日报》2022 年 10 月 31 日第 11 版。

[49] 赵欣:《注重版权产业转化 塑造城市文化品牌形象》,《重庆日报》2022 年 8 月 28 日第 2 版。

[50] 曲经纬:《城市副中心“街头艺术”氛围越发浓厚》,《北京城市副中心报》2022 年 8 月 1 日第 1 版。

[51] 李轩宁:《浅析雕塑艺术和城市雕塑文化》,《中国书画报》2022 年 6 月 22 日第 4 版。

[52] 吴亦铮:《最美的艺术就是城市本身》,《成都日报》2022 年 5 月 19 日第 8 版。

[53] 吴亦铮:《激发城市有机更新的艺术力》,《成都日报》2022 年 5 月 19 日第 8 版。

[54] 李亦奕:《艺术园区为城市带来什么》,《中国文化报》2022 年 3 月 27 日第 1 版。

[55] 厉亦平:《如何使城市公共空间更具艺术韵味》,《美术报》2022 年 3 月 26 日第 16 版。

[56] 王堞凡,白佳峰:《荒野景观艺术:城市中有“灵”的自然山水》,《中国社会科学报》2022 年 3 月 23 日第 9 版。

[57] 赵丽莎:《城市公共艺术的魅力在于它的地缘性》,《美术报》2016 年 9 月 10 日第 10 版。

[58] 蒲波:《艺术如何修复生态织补城市》,《中国艺术报》2015 年 10 月 30 日第 S01 版。

[59] 李虎:《城市家庭的墙壁就是艺术消费市场的希望》,《上海证券报》2015 年 2 月 16 日第 8 版。

[60] 史涌涛:《文化艺术影响城市生活》,《大同日报》2014 年 8 月 21 日第 2 版。

[61] 邱家和:《艺术长沙：当代艺术热“延烧”二线城市》,《上海证券报》2013 年 10 月 28 日第 8 版。

[62] 孟黎:《城市雕塑：缘何成为公共艺术重灾区》,《金融时报》2013 年 9 月 27 日第 9 版。

[63] 朱永安:《公共艺术给城市带来什么》,《中国文化报》2013 年 6 月 23 日第 1 版。

[64] 沈荔芳，陆桂弟:《整合区域资源优势创建“艺术城市”特色县》,《人民日报》2013 年 3 月 20 日第 13 版。

[65] 胡春明:《环境艺术：让城市更美丽》,《中国建设报》2009 年 12 月 17 日第 6 版。

[66] 王丽辉:《建设环境艺术：早把新桃换旧符》,《中华建筑报》2005 年 2 月 5 日第 1 版。

[67] 陈谷函:《10 件城市沉浸式艺术装置，令人大开眼界！》(https://mp.weixin.qq.com/s?__biz=MjM1NDQ5NjE0MQ==&mid=2652884418&idx=2&sn=8cf702b2ea43118fa8b7785679f28fa0&chksm=bf82582088f5d136ddb56eda2834f095f48de48168a3aedb71f31b4299713b37d52cd31e8e2f&scene=27)。

[68] 综合导航飞飞:《论现代城市环境雕塑艺术的审美特征》(https://baijiahao.baidu.com/s?id=1590643308131491107&wfr=spider&for=pc)。

[69] 景观中国网:《张绮曼教授漫谈：城市环境艺术设计》(http://www.landscape.cn/interview/158.html)。

[70] 雕塑热点:《批评家王林：现代城市环境和雕塑的关系如何？》(https://www.163.com/dy/article/GJ4RK2700534A312.html)。

[71] 人民网:《公共艺术助力城市发展（设计之美·新时代新生活）》(https://baijiahao.baidu.com/s?id=1654225289757551279&wfr=spider&for=pc)。

[72]Dafne C，Raffaella L，Ilaria S，“Assessing the (In)Stability of Urban Art Paints:From Real Case Studies to Laboratory Investigations of Degradation Processes and Preservation Possibilities”, *Heritage*，2022，5（2）：581-609.

[73]Ricardo C, "Urban art in Lisbon:opportunities, tensions and paradoxes", *Cultural Trends*, 2021, 30（2）: 139-155.

[74]Hong W, "Urban Public Art Design from the Perspective of Humanized Elements Integration", *BASIC CLINICAL PHARMACOLOGY TOXICOLOGY*, 2020: 206.

[75]Rodriguez-Navarro P, Cabezos-Bernal M P, Gil-Piqueras T, "Photographic techniques for urban art documentation", *DISEGNARECON*, 2020.

[76]Campos R, Sequeira Á, "Urban Art touristification:The case of Lisbon", *Tourist Studies*, 2020, 20（2）: 182-202.

[77]Karilyn C, "Contested City: Art and Public History as Meditation at New York's Seward Park Urban Renewal Area", *Planning Perspectives*, 2020, 35（3）: 565-567.

[78]Zhang G, "Application Analysis of Traditional Cultural Elements in the Environmental Art Design of Coastal Cities", *Journal of Coastal Research*, 2020, 115（sp1）: 27-30.

[79]Jeevana P P, "URBAN ART SCENE IN MADRID: HOW CAN CONTEMPORARY ART BE USED FOR TOURISM?", *ENLIGHTENING TOURISM. A PATHMAKING JOURNAL*, 2019.

[80]Jiang T, "Urban public art and interaction design strategy based on digital technology", *Cluster Computing*, 2019.

[81]Mengual O P, Rodriguez C S, "City as Urban Art Stage. Image and Word as Symbolic Space of Contemporary Social Claim", *BRAC: Barcelona, Recerca, Art, Creació*, 2017, 5（3）: 323-346.

[82]Bronwen L, R. M C, Elizabeth W, et al. "Building an Urban Arts Partnership Between School, Community-Based Artists, and University", *LEARNing Landscapes*, 2016, 10（1）: 153-172.

[83]Kirby A, "Seeing cities through urban art", *Geography*, 2017, 102（1）: 33-43.

[84]Madsen K A, "Columbia and Her Foot Soldiers: Civic Art and the Demand for Change at the 1913 Suffrage Pageant-Procession", *Winterthur Portfolio*, 2014, 48(4): 283-310.

[85]Loukaki A, *Urban Art and the City: Creating, Destroying, and Reclaiming the Sublime*, Taylor and Francis, 2020.

[86]Li G Z, Sun J, "Public Art and Contemporary Urban Culture–Research of Embodiment of Core Value of Urban Public Art in the Construction of Urban Culture", *Advanced Materials Research*, 2014, 3149(919-921): 1634-1637.

[87]Johnson, Nathan, "Urban Art Festival to transform the streets of Perth", *BPN*, 2014.

[88]KEHE J, "URBAN ART GOING GLOBAL", *Wired*, 2014, 22(11): 62.

[89]Somerville K, "Urban Art Land", *Ecotone*, 2012, 1(2): 231.